新型职业农民培育系列教材

设施蔬菜栽培与管理

◎ 张晓丽 焦伯臣 主编

中国农业科学技术出版社

图书在版编目(CIP)数据

设施蔬菜栽培与管理 / 张晓丽,焦伯臣主编.—北京:中国农业科学技术出版社,2016.6

ISBN 978-7-5116-2645-5

Ⅰ.①设… Ⅱ.①张…②焦… Ⅲ.①蔬菜园艺-设施农业 Ⅳ.①S626

中国版本图书馆 CIP 数据核字(2016)第 141202 号

责任编辑 崔改泵
责任校对 贾海霞

出 版 者 中国农业科学技术出版社
北京市中关村南大街 12 号 邮编:100081
电 话 (010)82109702(发行部) (010)82109194(编辑室)
(010)82106629(读者服务部)
传 真 (010)82106650
网 址 http://www.castp.cn
经 销 者 各地新华书店
印 刷 者 北京富泰印刷有限责任公司
开 本 850mm×1 168mm 1/32
印 张 7.125
字 数 179 千字
版 次 2016 年 6 月第 1 版 2016 年 6 月第 1 次印刷
定 价 28.00 元

《设施蔬菜栽培与管理》

编 委 会

主　　编　张晓丽　焦伯臣

副 主 编　刘凤英　李野牧　蔺晓梅　吴洪凯
杨海益　何忠民　李泽凤　史鹏飞
杜晓东　吕春和　辛艳梅　吴海滨
余银山　苗子余　周　源

参编人员　谢　鸣　陈　冬　葛清华　张四香
杨福善　武建丽　李国成　李月珍
赵玉花　贾静娜　张广君　吕　柏
曹永春　刘美良　马文全　尤　策
赵立新　姜永华　付　玉　付振卓
张晓金　温曦娟　郭丽娜　虎恩林

前　言

设施栽培是指在不适宜蔬菜作物生长发育的寒冷或炎热季节，利用专门的设施，人为地创造适宜蔬菜生长发育的小气候条件进行生产。其栽培的目的在于在冬春严寒季节或盛夏高温多雨季节提供新鲜蔬菜产品，以季节差价来获得较高的经济效益。因此，又称为“反季节栽培”或“保护地栽培”。设施蔬菜生产从根本上解决了南北各地蔬菜生产淡季供应紧张的局面，真正做到了“周年生产，均衡供应”，对增进人民身体健康，提高人民生活水平具有重要意义。同时，蔬菜设施栽培，提高了土地的利用率和产出率，增加了农民收入，是实现农业增效，农民增收的一条重要途径。

本书侧重科技知识，兼顾区域特点，针对性、实用性和可操作性较强，旨在为广大农民提供通俗易懂、便于操作的科技知识。本书共七章，内容包括设施蔬菜栽培棚室结构及育苗设施、设施蔬菜栽培技术、根菜类设施蔬菜栽培与病害防治、叶菜类设施蔬菜栽培与病害防治、茄果类设施蔬菜栽培与病害防治、设施蔬菜加工与贮藏、设施蔬菜市场营销。

因写作水平所限，文中的错误与不当之处，请广大读者批评指正。

编　者

前　言

目 录

第一章　设施蔬菜栽培棚室结构及育苗设施

设施农业是指具有相应设施，能在局部范围改善环境因素，为动、植物生长发育提供良好的环境条件，从而进行高效生产的现代农业。

设施农业包括两大类：设施栽培和设施养殖。设施栽培——主要是植物的设施栽培，其中蔬菜设施栽培面积占设施栽培总面积的95%左右。设施养殖——主要是畜禽、水产品和特种动物的设施养殖等。

第一节　蔬菜栽培的概述

一、蔬菜的定义

“蔬菜”一词，按《说文》注释，“蔬、菜也”，可见“蔬”与“菜”是两个异体同意字。《尔雅》中说：“凡草本可食者通名为蔬”。然而现代蔬菜及食品专家认为，凡是栽培的一二年生或多年生草本植物，也包括部分木本植物和菌类、藻类，具有柔嫩多汁的产品器官，可以佐餐的所有植物均可列入蔬菜的范畴。常见蔬菜，如黄瓜、番茄、辣椒、大白菜、萝卜、豇豆、马铃薯、大葱、莲藕、花椰菜等；稀有蔬菜，如芽苗菜、青花菜、生菜、山药、芦笋、香椿等；调味品蔬菜，如花椒、茴香、生姜等；野生蔬菜，如荠菜、马齿苋、鱼腥草、车前草等；食用菌类，如平菇、香菇、木耳、银耳、蘑菇、金针菇等。

二、蔬菜的分类

(一)植物学分类

根据植物学形态特征，按照科、属、种、变种进行分类的方法。我国蔬菜植物共有20多科，其中绝大多数属于种子植物，双子叶和单子叶的均有。在双子叶植物中，以十字花科、豆科、茄科、葫芦科、伞形科、菊科为主。单子叶植物中，以百合科、禾本科为主。植物学分类的优点是可以明确科、属、种在形态、生理上的关系，以及遗传上、系统发生上的亲缘关系。但是，植物学的分类法也有较大缺点，比如，番茄和马铃薯同属茄科。但在栽培技术上相差很大，不利于在生产中掌握。

(二)食用部位分类

按照食用部位的分类，可分为根、茎、叶、花、果5类，不包括食用菌等特殊种类。

(1)根菜类。主要有食用肉质根类，如萝卜、胡萝卜、芜菁甘蓝、芜菁等；食用块根类，如豆薯、葛等。

(2)茎菜类。主要有地下茎类，如马铃薯、菊芋、姜、藕、芋、慈姑等；地上茎类，如莴苣、茭白、菜薹、石刁柏、榨菜等。

(3)叶菜类。主要有普通叶菜类，如小白菜(青菜)、芥菜、芹菜、菠菜、苋菜、叶用莴苣、叶用甜菜等；结球叶菜类，如结球生菜、结球甘蓝、大白菜等；香辛叶菜类，如葱、芫荽、韭菜、茴香等；鳞茎类，如洋葱、大蒜、百合、胡葱等。

(4)花菜类。如花椰菜、青花菜、金针菜、朝鲜蓟等。

(5)果菜类。主要包括瓠果类，如黄瓜、南瓜、西瓜、甜瓜、冬瓜、瓠瓜、苦瓜、丝瓜等；茄果类，如茄子、辣椒、番茄等；荚果类，如豇豆、菜豆、刀豆、毛豆、豌豆、蚕豆等。

(三)农业生物学分类

根据蔬菜的农业生物学特性进行分类的方法，叫做农业生物学分类法。由于农业生物学分类法比较切合生产实际，因此应用也较为普遍。按照农业生物学分类法，可将蔬菜分为11类。

（1）根菜类。包括萝卜、胡萝卜、大头菜等。其特点是：①以肥大肉质根供食用；②要求疏松肥沃、土层深厚的土壤；③第一年形成肉质根，第二年开花结籽。

（2）白菜类。包括大白菜、青菜、芥菜、甘蓝等。其特点是：①以柔嫩的叶球或叶丛供食用；②要求土壤供给充足的水分和氮肥；③第一年形成叶球或叶丛，第二年抽薹开花。

（3）茄果类。包括番茄、辣椒和茄子三种蔬菜，其特点是：①以熟果或嫩果供食用；②要求土壤肥沃，氮、磷充足；③此类作物都先育苗再定植大田。

（4）瓜类。包括黄瓜、冬瓜、南瓜、丝瓜、瓠瓜、苦瓜、菜瓜等。其特点是：①以熟果或嫩果供食用；②要求高温和充足的阳光；③雌雄异花同株。

（5）豆类。包括豇豆、菜豆、蚕豆、豌豆、毛豆、扁豆等。其特点是：①以嫩荚果或嫩豆粒供食用；②根部有根瘤菌，进行生物固氮作用，对土壤肥力要求不高；③除蚕豆、豌豆要求冷凉气候外，均要求温暖气候。

（6）绿叶菜类。包括菠菜、芹菜、苋菜、莴苣、茼蒿、蕹菜等。其特点是：①以嫩茎叶供食用；②生长期较短；③要求充足的水分和氮肥。

（7）薯芋类。包括马铃薯、芋、山药、姜等。其特点是：①以富含淀粉的地下肥大的根茎供食用；②要求疏松肥沃的土壤；③除马铃薯外生长期都很长；④耐储藏，为淡季供应的重要蔬菜。

（8）葱蒜类。包括葱、蒜、洋葱、韭菜等。其特点是：①以富含辛香物质的叶片或鳞茎供食用；②可分泌植物杀菌素，是良好的前作；③大多数耐储运，可作为淡季供应的蔬菜。

（9）水生蔬菜类。包括茭白、慈姑、藕、水芹、菱、荸荠等。其特点是要求肥沃土壤和淡水层。

（10）多年生蔬菜。包括竹笋、金针菜、石刁柏（芦笋）等。一次繁殖后，可以连续采收多年，除竹笋外，其他种类地上部分每年枯死，以地下根或茎越冬。

（11）食用菌。包括蘑菇、草菇、香菇、木耳等。其中有的是人工栽培，有的是野生，或半野生状态。

第二节　蔬菜栽培的棚室结构

目前，我国的蔬菜栽培设施主要包括塑料拱棚、日光温室等。

一、塑料拱棚

塑料拱棚主要指拱圆形或半拱圆形的塑料薄膜覆盖棚，简称为塑料拱棚。按棚的高度和跨度不同，一般分为塑料小拱棚（简称塑料小棚）、塑料中拱棚（简称塑料中棚）和塑料大拱棚（简称塑料大棚）3 种类型。

（一）塑料小拱棚

塑料小拱棚用细竹竿、竹片等弯曲成拱，一般棚高低于 1.5 米，跨度 3 米以下，棚内有立柱或无立柱。

1. 塑料小拱棚的类型

依结构不同，一般将塑料小拱棚划分为拱圆棚、半拱圆棚、风障棚和双斜面棚 4 种类型（图 1－1）。其中，以拱圆棚应用最为普遍，双斜面棚应用相对比较少。

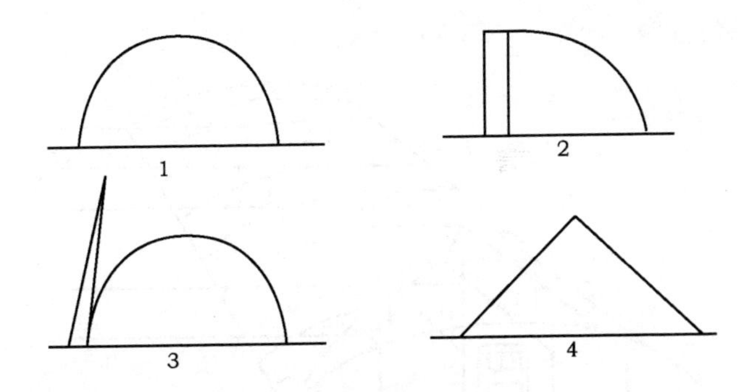

图 1－1　塑料小拱棚的主要类型

1. 拱圆棚;2. 半拱圆棚;3. 风障棚;4. 双斜面棚

2. 塑料小拱棚的生产应用

塑料小拱棚的空间低矮,不适合栽培高架蔬菜,生产上主要用于蔬菜育苗、矮生蔬菜保护栽培以及高架蔬菜低温期保护定植等。

(二)塑料中拱棚

塑料中拱棚是指棚顶高度 1.5～1.8 米,跨度 3～6 米的中型塑料拱棚。塑料中拱棚的棚体大小和结构的复杂程度以及环境特点等均介于塑料小拱棚和大拱棚之间,可参考塑料大、小拱棚。

塑料中拱棚易于建造,建棚费用比较低,但栽培空间较小,不利于实行机械化生产,应用规模不大。目前,塑料中拱棚主要用于温室和塑料大拱棚欠发达地区,进行临时性、低成本的蔬菜保护地栽培。

(三)塑料大拱棚

简称塑料大棚,是棚体顶高 1.8 米以上,跨度 6 米以上的大型塑料拱棚的总称。

塑料大拱棚主要由压杆和棚膜、拱架、立柱、拉杆 5 部分组成(图 1－2)。

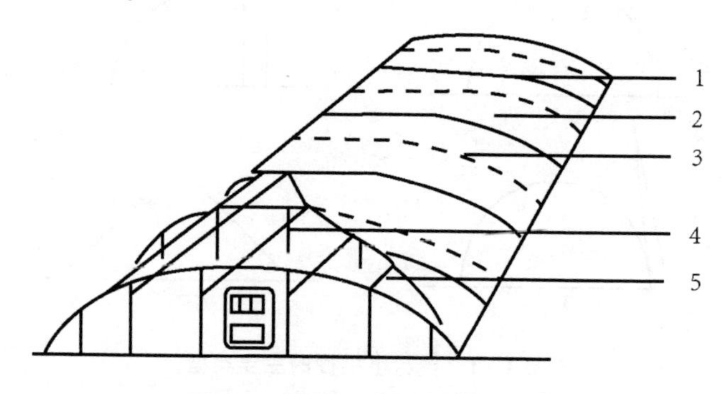

图 1－2 塑料大拱棚的基本结构

1. 压杆;2. 棚膜;3. 拱架;4. 立柱;5. 拉杆

塑料大拱棚的棚体高大,不便于从外部覆盖草苫保温,保温能力比较差,北方地区较少用来育苗,主要用来栽培果菜类以及其他一些效益较好的蔬菜。栽培茬口主要有春季早熟栽培、秋季延迟栽培和春到秋高产栽培 3 种。

二、温室

温室是比较完善的栽培设施。利用这种设施可以人为地创造、控制适合作物生长发育的环境条件,而在寒冷的季节进行作物生产。

我国温室生产的历史悠久,但近几年才大面积发展,尤其 20 世纪 80 年代以来,随着改革开放和农村产业结构的调整,以塑料薄膜日光温室为主的温室生产得到了迅猛发展。此外,我国还引进了国外的大型现代化温室,并在消化吸收的基础上,初步研究开发出我国自行设计制造的大型温室。

目前,温室生产已逐步使用仪器、仪表、电子设备,控制调节温室的光、热、水、气、肥等单项条件,或综合的环境条件,以达到早熟、增产、无公害生产的目的。温室的发展将随着社会经济、科学技术和旅游事业发展的影响而相应的发展。

(一)温室类型

按材料分:有砖木温室、土木温室、钢架混凝土结构温室、玻璃温室和塑料温室等。

按热源分:有日光温室和加温温室等。

按单栋或连栋分:有单栋温室和连栋温室等。为了使温室类型划分趋于一致,逐步实现标准化设计,按照透明屋面结构形式划分较为合理。根据这个原则,目前世界各国温室类型有单屋面温室、双屋面温室、拱圆屋面温室和连栋温室。

(二)温室的基本结构

温室主要由墙体、后屋面、前屋面、立柱以及保温覆盖物等几部分构成。

1. 墙体

分为后墙和东、西侧墙,主要由土、草泥以及砖石等建成,一些玻璃温室以及硬质塑料板材温室为玻璃墙或塑料板墙。泥、土墙通常做成上窄下宽的"梯形墙",一般基部宽 1.2～1.5 米,顶宽 1.0～1.2 米。砖石墙一般建成"夹心墙"或"空心墙",宽度 0.8 米左右,内填充蛭石、珍珠岩、炉渣等保温材料。

后墙高度 1.5～3.0 米。侧墙前高 1 米左右,脊高2.5～3.8 米。

2. 后屋面

普通温室的后屋面主要由粗木、秸秆、草泥以及防潮薄膜等组成。秸秆为主要的保温材料,一般厚 20～40 厘米。砖石结构温室的后屋面多由钢筋水泥预制柱或钢架、泡沫板、水泥板和保温材料等构成。后屋面的主要作用是保温以及放置草苫等。

3. 前屋面

由屋架和透明覆盖物组成。

(1)屋架。主要作用是前屋面造型以及支持薄膜和草苫等。

分为半拱圆形和斜面形两种基本形状。竹竿、钢管及硬质塑料管、圆钢等建材,多加工成半拱圆形屋架,角钢、槽钢等建材则多加工成斜面形屋架。

按结构形式不同,一般将屋架分为普通式和琴弦式两种。

(2)透明覆盖物。主要作用是白天使温室增温,夜间起保温作用,使用材料主要有薄膜、玻璃和聚酯板材等。

塑料薄膜成本低,易于覆盖,并且薄膜的种类较多,选择余地也较大等,是目前主要的透明覆盖材料,所用薄膜主要为深蓝色聚氯乙烯无滴防尘长寿膜和聚乙烯多功能复合膜。

4. 立柱

普通温室内一般有 3～4 排立柱。按立柱所在温室中的位置,分别称为后柱、中柱和前柱。后柱的主要作用是支持后屋面,中柱和前柱主要支持和固定拱架。立柱主要为水泥预制柱,横截面规格为 10 厘米×10 厘米～15 厘米×15 厘米。一般埋深 40～50 厘米。后排立柱距离后墙 0.9～1.5 米。向北倾斜 5°左右埋入土里,其他立柱则多垂直埋入土里。钢架结构温室以及管材结构温室内一般不设立柱。

5. 保温覆盖物

主要作用是在低温期保持温室内的温度。主要有草苫、纸被、无纺布、宽幅薄膜以及保温被等。

三、主要温室介绍

(一)山东潍坊改良型日光温室

温室内宽 8～10 米,长 60～80 米。墙体底宽 1.5 米左右,顶宽 1 米以上,后墙高度 2.5～3.0 米,两山墙最大高度 3.5～3.8 米。后屋面内宽 1.5 米左右,与地面夹角 40°以上,屋面厚度 30 厘米左右。前屋面屋架采用琴弦式结构:用粗竹竿作主拱，间距 3.6 米；在主拱上东西向纵拉钢丝，钢丝间距 25～30 厘米；在钢丝上按 60 厘米间距固定细竹竿作副拱。温室内南北有 4 排立柱，立柱东西间距 3.6 米，南北间距 3 米左右（图 1-3）。

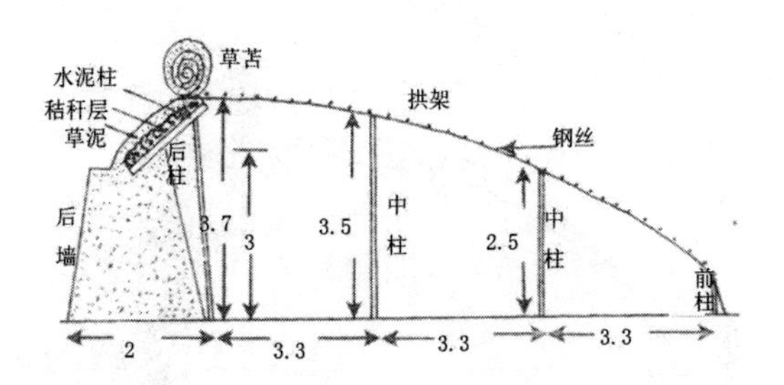

图 1-3　潍坊改良型日光温室参考结构图(单位:米)

(二)北京改良型日光温室

温室内宽 6～7 米，土墙或草泥墙，墙体宽 1 米以上，后墙高 2.0～2.3 米，两山墙的最大高度为 3 米左右。后屋面内宽 1.7 米左右，厚度 40 厘米左右。温室内有 3 排立柱，立柱东西间距 3 米。在每排立柱顶端的“V”形槽内，东西向拉一道双股钢丝或双股 8 号铁丝，在钢丝上南北向固定竹竿，竹竿间距 40～50 厘米。参考结构见图 1-4。

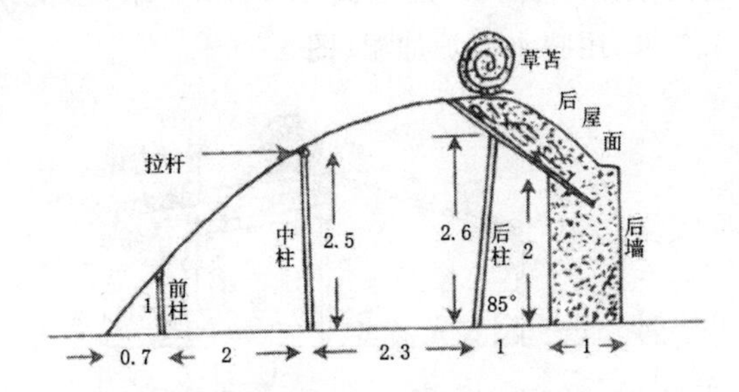

图 1-4　北京改良型日光温室参考结构图(单位:米)

(三)鞍Ⅱ型改良日光温室

该温室属钢拱结构。钢架用钢管、圆钢等焊接而成，间距

80 厘米。后屋面投影长 1.2 米，由草苫、旧薄膜、秸秆、木板和草泥等构成，厚度 40～50 厘米。用砖石砌成“空心墙”，后墙高 1.6 米，温室内跨 5.5～6.0 米，无立柱（图 1－5）。

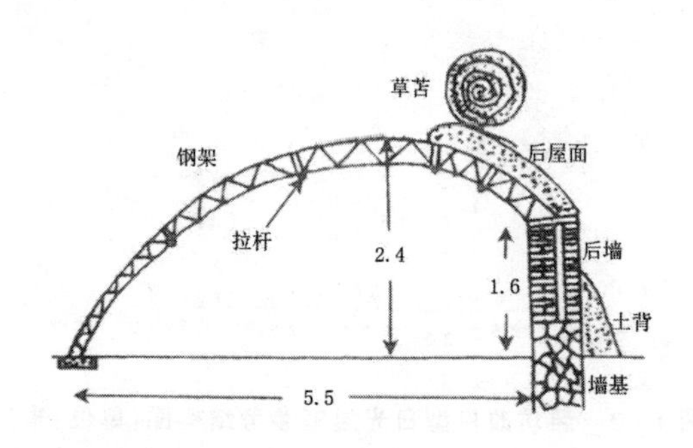

图 1－5　鞍Ⅱ型改良日光温室参考结构图(单位：米)

（四）天津三折式加温温室

该温室属钢架无立柱玻璃温室。钢架采用丁字钢或角钢及圆钢焊接而成，上、下弦宽 15～20 厘米。后屋面宽 1.5～2.0 米，用带孔预制板或充气水泥预制板覆盖，上铺一层厚约 1 厘米的炉渣或其他保温材料，并抹灰沙密封防雨。墙体为空心砖石结构，夹层内填防寒材料。后墙高 2.0～2.5 米，温室顶高 2.4 米，内跨 6.5 米，用暖水锅炉加温（图 1－6）。

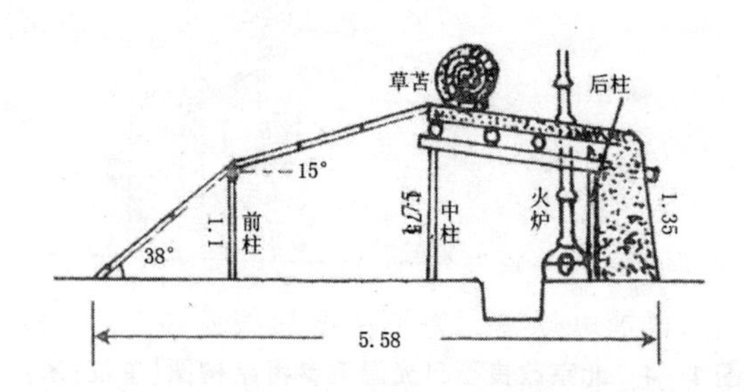

图 1－6　天津三折式加温温室参考结构图(单位：米)

(五)北京改良式加温温室

该温室属钢木结构。前屋面为钢制屋架,有一个折角,下设两排立柱支撑。后屋面宽 1.7～2.2 米,坡度 10°左右,用钢材作支架,上铺秸秆、蒲席等保温,或用水泥预制板作顶,上抹麦秸泥和灰土封顶。靠后墙设一排立柱,与中柱一起支持后屋顶。温室顶高 1.7～1.85 米,内跨 5～6 米(图 1－7)。

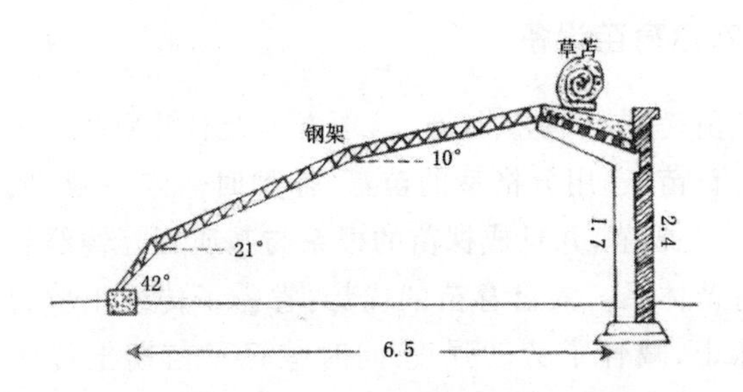

图 1－7　北京改良式加温温室参考结构图(单位:米)

第三节　育苗设施

一、电热线铺设

电热温床应根据电热线的功率和长度设计建造,温床一般宽 1.2 米,深 25 厘米,长 10～15 厘米。电热线育苗要求每平方米苗床使用的功率为 60～80 瓦,电热线最好与控温仪配合使用,实现苗床温度的自动控制。铺线时先将苗床底部整平,铺一层隔热材料(如稻草等),厚约 10 厘米,再铺干土或炉渣 3 厘米,整平踩实后,再铺电热线。为了使电热线两端(＋－极)处于同一端,布线行数应取偶数。电热线间的距离一般为 10 厘米,不能小于 3 厘米,实际应用时,温床两边散热多,布线宜密些;中间散热少,易保温,布线宜稀些。电热线两端固定在苗床两端的木橛上。电热线上再铺3厘米厚的干沙和3厘米厚的碎草，防止漏水并可使苗床受热均匀，最后铺8～10厘米厚的营养土，再播种。播后盖地膜，并加扣小拱棚(图2-6)。使用电热线时要注意，因每根电热线的功率都是额定的，使用时不能剪短，也不能续接；电热线不能交叉、打结，不能并在一起，以免烧断线路，也不能在空气中通电实验；苗床烧水时，要关闭电源。

二、穴盘育苗设备

穴盘苗是利用草炭、蛭石、珍珠岩等天然轻型基质及营养液浇灌进行育苗，选用分格室的苗盘，播种时一穴一粒，成苗时一室一株.一次成苗，并且成株苗的根系与基质相互缠绕在一起的现代化育苗体系。穴盘育苗的优势：省去了传统土壤育苗所需的大量床土，减轻了劳动强度.同时减轻了苗期土传病害的发生；育苗基质体积小，重量轻，便于秧苗长途运输和进入流通领域；基质和用具易于消毒，可以培育无病苗木；可进行多层架立体育苗，提高了空间利用率；根茎发达，适应性强，成活率高，无缓苗期。穴盘育苗为快捷和大批量生产苗木提供了保证，在生产上很有发展前途。

(一)穴盘

育苗穴盘主要有塑料穴盘和泡沫穴盘两种，其穴孔形状有方形和圆形，孔穴数量不一。

目前，常选用的穴盘为长54.4厘米，宽27.9厘米，高3.5～5.5厘米。穴孔深度视孔大小而异。根据穴孔数量不同，穴盘分为50孔、72孔、128孔、288孔等多种，辣椒、番茄、茄子一般采用128孔穴盘，也可使用72孔穴盘，瓜类一般采用50孔穴盘。

(二)基质

较理想的育苗基质是草炭、蛭石、珍珠岩，生产上一般采用复合基质。尽量选用当地资源丰富、价格低廉的轻型基质,以有机无机复合基质效果更优。育苗基质还要有利于根系缠绕,便于起坨。常用的复合基质配比如下:草炭∶蛭石=2∶1或3∶1;草炭∶蛭石∶珍珠岩=2∶1∶1。每立方米基质中加入膨化腐熟鸡粪10千克,磷酸二铵1千克,磷酸二氢钾0.5千克,过磷酸钙5千克,掺匀待用。

(三)催芽室

催芽室是穴盘育苗的关键设施。催芽室设有加热、增湿和空气交换等自动控制系统。为节省开支,可做简易催芽室,在日光温室内搭建小棚,棚内放加温设备,如暖气等。然后将播种后的穴盘叠放在棚内进行催芽。催芽室内温度控制在28～30℃,湿度在95%以上,注意保持温、湿度均匀。在催芽室内进行叠盘催芽。

(四)温室

穴盘育苗的重要配套设施是温室,因其采光和保温性能优于阳畦和改良阳畦,还可以进行双膜覆盖即温室内再扣小拱棚和安装人工加温设施如电热垫等,常被作为冬季寒冷季节育苗的主要场所。温室内配置喷水系统和放穴盘的苗床,苗床用铁架做成,也可直接在地面上铺砖、炉渣、沙子和小石子等,总之要求铺垫硬质的、重型的材料,防止穿过穴孔的根系扩大生长,在提苗时致使幼苗伤根。

第二章　设施蔬菜栽培技术

第一节　蔬菜播种技术

一、蔬菜种子

（一）蔬菜种子的定义

狭义蔬菜种子专指植物学上的种子。蔬菜栽培上所用的种子是指所有用来播种进行繁殖的植物器官或组织，可分为5类。第一类是由受精的胚珠发育而成的真正的种子，如十字花科、豆科、茄科、葫芦科、百合科、苋科等蔬菜的种子。第二类是植物学上的果实，如伞形科、藜科、菊科等蔬菜种子。第三类是营养器官，有鳞茎（大蒜、洋葱）、球茎（芋、荸荠）、块茎（马铃薯、山药、菊芋等）、根状茎（藕、姜），另外还有枝条和芽等。第四类是菌丝组织和孢子，如食用菌和蕨菜等的繁殖体。第五类是人工种子，目前尚未普遍应用。优良的种子是培育壮苗及获得高产的基础。

（二）蔬菜种子的形态

种子的形态主要包括种子的形状、大小、色彩、表面光洁度、种子表面特点等外部特征以及解剖结构特征，是鉴别蔬菜种类、判断种子质量的主要依据。如茄果类的种子为肾形，茄子种皮光洁，辣椒种皮厚薄不匀，番茄种皮则附着银色茸毛；白菜和甘蓝种子的形状、大小、色泽相近，均为球形黄褐色小粒种子，但白菜种子球面单沟，甘蓝种子球面双沟等。主要蔬菜的种子形态见图 2－1。

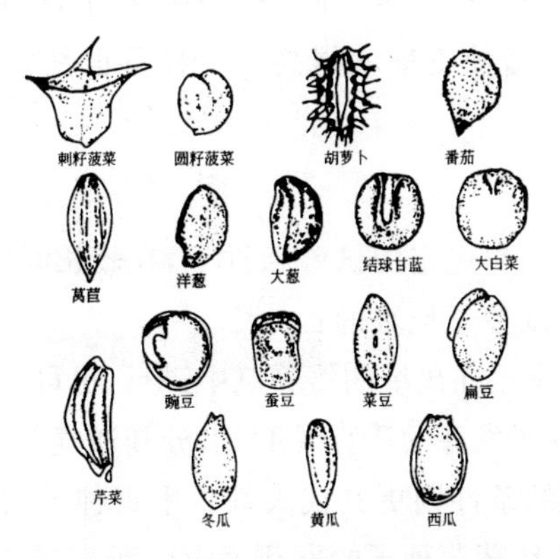

图 2－1　蔬菜种子的形态

蔬菜种子的大小差别很大，小粒种子的千粒重只有 1 克左右，大粒种子的千粒重却高达 1 000 克以上。一般，豆类和瓜类蔬菜的种子比较大，绿叶蔬菜的种子相对较小，如芹菜、苋菜、莴苣种子的千粒重不足 1 克。

（三）蔬菜种子的质量鉴别

广义的蔬菜种子质量包括品种品质和播种品质。品种品质主要指种子的真实性和纯度等，播种品质主要指种子饱满度和发芽特性。蔬菜种子的质量应在播种前确定，以便做到播种、育苗准确可靠。常用以下指标鉴定。

1．纯度

有田间检验和室内检验两种方法，普遍采用的是室内检验法。室内检验以形态鉴定为主，根据种子形态、大小、色泽、花纹及种皮的特征，通过肉眼或放大镜进行观察，区别不同蔬菜种子。

优良种子的纯度应达到 98%以上。

2. 饱满度

通常用“千粒重”表示。同一品种的种子，千粒重越大，种子就越饱满充实，播种质量就越高。千粒重也是估算播种量的重要依据。

3. 发芽率

发芽率是指在规定的试验条件下，在较长时间内，正常发芽种子粒数占供试种子粒数的百分率。

测定发芽率可在垫纸的培养皿中进行，也可在沙盘或苗钵中进行，以保证种子发芽的适宜温度、水分和通气等条件，如使发芽接近大田正常的条件则更具代表性。甲级种子的发芽率应达到90%～98%，乙级蔬菜种子的发芽率应达到85%左右。个别蔬菜种子的发芽率要求也有例外，如伞形科蔬菜种子为双悬果，在测定发芽率时1个果实按2粒种子计，但因2粒种子中常有1粒发育不良，发芽率只要求达到65%左右；又如甜菜种子为聚合果，俗称“种球”，测定发芽率时聚合果按1粒种子计，而实际上其中包含多粒种子，所以，其发芽率要求达到165%以上。

4. 发芽势

发芽势是指在规定时间内供试样本种子中发芽种子的百分数。它是反映种子发芽速度和发芽整齐度的指标。

统计发芽种子数量时，凡是无幼根、幼根畸形、有根无芽、有芽无根毛者，以及种子腐烂者都不算发芽种子。

5. 种子生活力

种子生活力是指种子发芽的潜在能力。一般通过发芽率、发芽势等指标了解种子是否具有生活力或生活力的高低。测定时休眠的种子应先打破休眠。在种子出口、调运或急等播种情况下，可用快速方法鉴定种子的生活力，如四唑染色法（TTC或TZ）、靛红（靛蓝洋红）染色法、红墨水染色法等化学染色法。

(四)种子发芽特性

1. 种子发芽过程

种子发芽时,要经过下面几个主要步骤:吸收水分;种子内储藏物质的消化;养分的运转;呼吸代谢的增强;胚根及胚轴开始生长;同化作用开始。

由于种子的形态及构造不同,发芽的方式也有所不同。有些种子如豌豆,发芽过程中胚轴的伸长生长很少,发芽为幼苗时,子叶仍留在土中。但大多数蔬菜,种子发芽时子叶都是出土的。

2. 种子发芽条件

种子通过或完成休眠以后,在适宜的环境条件下,即可发芽。主要环境条件包括温度、水分及气体,有些种子发芽还受光照的影响。

(1)温度。各种蔬菜种子的发芽,对温度都有一定要求。喜温或耐热蔬菜,如茄果类、瓜类、豆类,最适宜的发芽温度为25～30℃;较耐寒蔬菜,如白菜类、根菜类最适宜的发芽温度为15～25℃。有的蔬菜种子发芽则要求低温,如莴苣种子在5～10℃低温下处理1～2天,然后播种,可迅速发芽,而在25℃以上时,反而不易发芽。芹菜在15℃恒温或10～25℃的变温下,发芽反而比高温下的好。

(2)水分。蔬菜种子在一定温度条件下吸收足量的水分才能发芽。种子吸水量的多少,与种子的化学组成有很大关系。一般而言,蛋白质含量高的种子,水分吸收量较多,吸收的速度也较快;以油脂和淀粉为主要成分的种子,水分吸收量较少,吸收速度也较慢。至于以淀粉为主要成分的种子,吸水量更少些,吸收的速度也更慢。如菜豆的吸水量为种子重量的105%,番茄为75%,黄瓜为52%。但是,种子吸水并非愈多愈好,适于种子发芽的吸水量也有一定的限度,即有吸水的"适量"。当温度不适宜时种子虽也能吸水膨胀,但却不能发芽而导致烂种。

种子的吸水可分为初始阶段和完成阶段。初始阶段的吸水作用依靠种皮、珠孔等结构的机械吸水膨胀力,这一阶段的吸水量约占 1/2,吸水的快慢取决于水量和温度。完成阶段的吸水依靠胚的生理活动,吸水的快慢还受氧气供应的影响。生产上在播种前进行浸种和催芽,浸种主要是满足初始阶段的要求,催芽则是完成阶段的措施。

(3)气体。一般来说,在供氧条件充足时,种子的呼吸作用旺盛,生理进程迅速,发芽较快,二氧化碳浓度高时则抑制发芽。但促进或抑制的程度因蔬菜种类而异。据试验,萝卜和芹菜对氧的需要量最大,黄瓜、葱、菜豆等对氧的需要量最小。对于二氧化碳的抑制作用,葱、白菜表现较为敏感,胡萝卜、萝卜、南瓜则较迟钝。莴苣、甘蓝的种子在二氧化碳浓度大幅度提高时反而促进发芽。

(4)光照。各种蔬菜种子播种到土壤中,只要温度、水分和气体条件适宜,一般都能发芽出苗。但实际上不同种类种子发芽对光照的反应是有差异的,可分为需光型、嫌光型和中光型 3 种类型。需光型种子在有光条件下发芽比黑暗条件下更好些,如莴苣、芹菜、胡萝卜等蔬菜种子;嫌光型种子在黑暗条件下发芽良好,在有光条件下发芽不良,如大多数茄果类、瓜类、葱蒜类的蔬菜种子;中光型种子发芽对光的反应不敏感,如藜科、豆科的部分种类及萝卜种子等。

另外,蔬菜种子萌发与光波也有关。如吸水后的莴苣种子萌发可被 560～690 纳米的红光促进,而 690～780 纳米的远红光则抑制其发芽。一些化学药品的处理也可代替光的作用。如用硝酸盐(0.2%硝酸钾)溶液处理,可代替一些需光种子的要求;赤霉素(100 毫升/升)处理可代替红光的作用。

二、种子播前处理

为了使种子播后出苗整齐、迅速、健壮，减少病害感染，增强种胚和幼苗的抗逆性，达到培育壮苗的目的，播前常进行种子处理。

（一）浸种、催芽

浸种和催芽是蔬菜生产上普遍采用的种子处理方法。

1. 浸种

浸种是将种子浸泡在一定温度的水中，使其在短时间内吸水膨胀，达到萌芽所需的基本水量。根据浸种水温可分为一般浸种、温汤浸种和热水烫种等。

（1）一般浸种。用常温水浸种，有使种子吸胀的作用，但无杀菌和促进吸水的作用，适用于种皮薄、吸水快、易发芽不易受病虫污染的种子，如白菜、甘蓝等。

（2）温汤浸种。水温 50～55℃，这是一般病菌的致死温度，需保持 10～15 分钟，并不断搅拌，使水温均匀，随后使水温自然下降至室温，按要求继续浸泡。温汤浸种具有灭菌作用，但促进吸水效果仍不明显，适用于瓜类、茄果类、甘蓝类等蔬菜种子。

（3）热水烫种。为了更好地杀菌，并使一些不易发芽的种子易于吸水，水温 70～85℃。先用凉水浸湿种子，再倒入热水，来回倾倒，直至温度下降到 55℃左右时，用温汤浸种法处理。适用于种皮厚、透水困难的种子，如茄子、冬瓜等。

浸种时应注意以下几点：第一，要把种子充分淘洗干净，除去果肉物质后再浸种；第二，浸种过程中要勤换水，保持水质清新，一般每 12 小时换 1 次水为宜；第三，浸种水量要适宜，以略大于种子量的 4～5 倍为宜；第四，浸种时间要适宜。

一般浸种时，也可以在水中加入一定量的激素或微量元素，进行激素浸种或微肥浸种，有促进发芽、提早成熟、增加产量等效果。此外，为提高浸种效率，浸种前可对有些种子进行必要的处理。如对种皮坚硬而厚的苦瓜、丝瓜等种子，可进行胚端破壳；对芹菜、芫荽等种子可用硬物搓擦，以使果皮破裂；对附着黏质多的茄子等种子可用0.2%～0.5%的碱液先清洗，然后在浸泡过程中不断搓洗换水，直到种皮洁净无黏感。

2. 催芽

催芽是将吸水膨胀的种子置于适宜条件下，促使种子迅速而整齐一致的萌发。一般方法是：先将浸好的种子甩去多余的水分，薄层（2厘米左右）摊放在铺有一两层潮湿洁净布或毛巾的种盘上，上面再盖一层潮湿布或毛巾，然后将种盘置于恒温箱中催芽，直至种子露白。在催芽期间，每天应用清水淘洗种子1～2次，并将种子上下翻倒，以使种子发芽整齐一致。

（二）物理处理

其主要作用是提高发芽势及出苗率、增强抗逆性、诱导变异等。

1. 变温处理

把萌动的种子先放在1～5℃的低温下处理12～18小时，再放到18～22℃的温度下处理6～12小时，如此连续处理1～10天或更长时间，可提高种胚的耐寒性。处理过程中应保持种子湿润，变温要缓慢，避免温度骤变。

2. 干热处理

一些种类的蔬菜种子经干热空气处理后，有促进后熟、增加种皮透性、促进萌发、消毒防病等作用。如番茄种子经短时间干热处理，可提高发芽率；黄瓜、西瓜和甜瓜种子经50～60℃干热处理4小时（其中间隔1小时），有明显的增产作用；黄瓜、西瓜种子经70℃处理2天，有防治绿斑花叶病毒病的良好效果；黄瓜种子经70℃干热处理3天，对黑星病及角斑病有很好的防治效果。

3. 低温处理

对于某些耐寒或半耐寒蔬菜，在炎热的夏季播种时，可将浸好的种子在冰箱内或其他低温条件下，冷冻几个小时或十余小时后，再放在冷凉处（如地窖、水井内）催芽，使其在低温下萌发，可促进发芽整齐一致。低温处理还可用于白菜、萝卜等十字花科蔬菜繁种或育种上的春化处理。如将消毒浸种后的白菜种子，放在适宜的条件下萌发，当有 1/3～1/2 的种子露出胚根时放入 0～2℃的低温下处理 25～30 天即可通过春化，种子播种当年即可开花结籽。

4.λ射线处理

可用λ射线照射黄瓜及西葫芦种子。照射后的种子发芽势及出苗率均有所提高，比对照采果期延长 1.5～2 周，黄瓜增产 16%，西葫芦增产 14%。

(三)化学处理

化学处理的主要作用是打破休眠、促进发芽、种子消毒、增强抗性、诱发突变等。

1. 打破休眠

种子休眠的原因，一是胚本身未熟，需要一段后熟时间；二是由于种子中储藏物质未熟以及抑制萌发的物质存在，果皮或种皮不透气等。应用发芽促进剂如 H_2O_2、硫脲、KNO_3、赤霉素等对打破种子休眠有效。试验表明，黄瓜种子用 0.3%～1% H_2O_2 浸泡 24 小时，可显著提高刚采收种子的发芽率与发芽势。0.2%硫脲对促进莴苣、萝卜、芸薹属、牛蒡、茼蒿等种子发芽均有效。赤霉素（GA）对茄子（100 毫克/升）、芹菜（66～330 毫克/升）、莴苣（20 毫克/升）以及深休眠的紫苏（330 毫克/升）种子发芽均有效。用 0.5～1 毫克/升赤霉素溶液打破马铃薯的休眠已广泛应用于马铃薯的二季作栽培。

2. 促进发芽

据报道，用 25%或稍低浓度的聚乙二醇（PEG）处理甜椒、辣椒、茄子、冬瓜等发芽出土困难的种子，可在较低温度下使种子提前出土，出土率提高，且幼苗生长健壮。此外，用0.02%～0.1%含微量元素的硼酸、钼酸铵、硫酸铜、硫酸锰等浸种，也有一定的促进种子发芽及出土的作用。

3. 种子消毒

有药剂拌种和药液浸种两种方法。药剂拌种常用的杀菌剂有克菌丹、多菌灵、敌克松、福美双等；杀虫剂有90%敌百虫等。拌种时药剂和种子都必须是干燥的，药量一般为种子重量的0.2%～0.3%。药液浸种应严格掌握药液浓度与浸种时间，浸种后必须用清水多次冲洗种子，无药液残留后才能催芽或播种。如用100倍福尔马林浸种15～20分钟，捞出种子封闭熏蒸2～3小时，最后用清水冲洗；用10%磷酸三钠或2%氢氧化钠水溶液浸种15分钟，捞出冲洗干净，有钝化番茄花叶病毒的作用。另外，采用种衣剂农药处理种子常可起到更好的效果，如“黄瓜种衣剂1号”有显著的防病和壮苗效果。

三、播种量

播种前首先应确定播种量。根据单位面积用苗数、单位重量种子粒数、种子使用价值和安全系数，计算单位面积实际需要的播种量。

安全系数取值范围一般为1.5～2。实际生产中应视土壤质地、直播或育苗、播种方式、气候冷暖、雨量多少、耕作水平、病虫害等情况而定。

四、播种技术

(一)播种方式

播种方式主要有撒播、条播和点播3种。

1. 撒播

在平整好的畦面上均匀地撒上种子，然后覆土。一般用于生长期短的、营养面积小的速生菜类，以及育苗上。撒播可经济利用土地面积，但不利于机械化的耕作管理；同时，对土壤质地、作畦、撒播技术、覆土厚度等的要求都比较严格。

2. 条播

在平整好的土地上按一定行距开沟播种，然后覆土。一般用于生长期较长和营养面积较大的蔬菜，以及需要中耕培土的蔬菜。速生菜通过缩小株距和加大行距也可进行条播。这种方式便于机械化的管理，灌溉用水量经济。

3. 点播（穴播）

按一定株行距开穴点种，然后覆土。一般用于生长期较长的大型蔬菜，以及需要丛植的蔬菜，如韭菜、豆类等。点播的优点是可在局部创造较适宜的水分、温度、气体等发芽条件，有利于在不良条件下播种而保证苗全苗壮。如在干旱炎热时，可按穴浇水后点播，再加厚覆土，以保墒防热，待出苗时再扒去部分覆土，以保证出苗。穴播用种量最少，也便于机械化的耕作管理。

（二）播种方法

播种方法分湿播和干播两种。

1. 湿播

湿播为播前先灌水，待水渗下后播种，覆盖干土。湿播质量好，出苗率高，土面疏松而不易板结，但操作复杂，工效低。

2. 干播

干播为播前不浇水，播种后覆土镇压。干播操作简单，速度快，但如播种时墒情不好，播种后又管理不当，容易造成缺苗。

(三)播种深度

播种深度即覆土的厚度，主要根据种子大小、土壤质地、土壤温度、土壤湿度及气候条件等因素而定。小粒种子一般覆土1～1.5厘米，中粒种子1.5～2.5厘米，大粒种子3厘米左右；高温干燥及沙质土壤适当深播，反之适当浅播；喜光种子(如芹菜等)宜浅播。

第二节　蔬菜育苗技术

一、育苗方式

蔬菜育苗方式多种多样，各有特点。

依育苗场所及育苗条件，可分为设施育苗和露地育苗；设施育苗依育苗场所还可细分为温室育苗、温床育苗、冷床育苗、塑料薄膜拱棚育苗等。依温光管理特点又可细分为增温育苗及遮阳降温育苗。

依育苗所用的基质，可分为床土育苗、无土育苗和混合育苗；无土育苗又可分为基质培育苗、水培育苗、气培育苗等；基质培育无土育苗又依基质的性质分为无机基质(炉渣、蛭石、沙、珍珠岩等)育苗和有机基质(碳化稻壳、锯末、树皮等)育苗。

依育苗用的繁殖材料，可分为播种育苗、扦插育苗、嫁接育苗、组培育苗等。

依护根措施，可分为容器护根育苗、营养土块育苗等；容器护根育苗依容器的结构分为普通(单)容器育苗和穴盘育苗。

实际中的育苗方法，常是几种方式的综合。

(一)遮阳育苗法

技术难度不大，在高温强光季节育苗效果显著。遮阳可用固定设施，如温室外加盖遮阳帘或黑网纱，也可用临时设施，如一般遮阳棚等;遮阳设施又可分完全保护(遮阳、防雨、防虫)或部分保护(遮阳)。遮阳育苗法不仅适用于芹菜、大白菜、甘蓝、莴苣等喜冷凉蔬菜的夏季育苗,也可用于番茄、辣椒、黄瓜的秋延后栽培的育苗。其主要关键技术:选择通风、高燥、排水良好地块建筑苗床;保持较大的幼苗营养面积并切实改善秧苗的矿质营养条件;掌握遮阳适度,特别是果菜类蔬菜幼苗,以中午前后遮强光为主,光照过弱会降低秧苗质量;结合喷水,防虫降温,必要时可用药剂防治病虫害等。

(二)床土育苗法

床土育苗法是一种普遍采用的传统育苗方法。其突出优点是就地取土比较方便;土壤的缓冲性较强,不易发生盐类浓度障碍或离子毒害;营养较全,不易出现明显的缺素障碍等。如果床土配制合理,能获得很好的育苗效果。缺点是需要用大量的有机质或腐熟有机肥配制床土;苗带土重量大,增加秧苗搬运负担,很难长途运输;床土消毒难度较大。因此,适合于小规模和就地育苗,难以实现种苗业产业化。在应用床土育苗法时,应特别注意床土的物理性改良,主要营养成分的供给,根系的保护等措施。

(三)无土育苗

无土育苗是应用一定的育苗基质和人工配制的营养液代替床土进行育苗的方法,又称营养液育苗。与床土育苗比较,具有以下优点:由于选用的基质通气保水条件好,营养及水分供给充足,秧苗根系发育好,生长速度快,秧苗素质好,可缩短育苗期,促进早熟丰产;可免去大量取土造成的搬运困难,基质重量轻,便于长途运输,为集中的现代化育苗创造有利条件;有利于实现育苗的标准化管理;可减轻土传病害发生。但是,无土育苗的成功必须抓住基质的选择、营养液的配制、供给等技术环节的标准化管理,并应有相应的设施设备以保证技术的有效实施,否则容易出现育苗的失误甚至失败。

(四)扦插育苗法

扦插育苗是利用蔬菜部分营养器官如侧枝、叶片等,经过适当的处理,在一定条件下促使发根、成苗的一种方法。这种无性繁殖方法多用于特殊需要的科研和生产中,如白菜、甘蓝腋芽扦插繁种、番茄侧枝扦插快速成苗等。其突出优点是能够保持种性,显著缩短育苗期,方法简便,易于掌握,且有利于多层立体育苗的实现。但由于育苗量受到无性繁殖器官来源的限制,在发根期间对条件要求较为严格,一般只适用于小批量生产或特殊需要的场合。扦插育苗法的技术关键在于促进发根,应保持适宜的温度及较高的空气湿度,还可用生长素处理(萘乙酸 500 毫克/升或吲哚乙酸 1 000 毫克/升),促进生根。可以用床土、水、空气或炉渣、沙粒等作为基质扦插育苗,在发根过程中不需供给营养,但需保证必要的水分;在发根期间(一般为 3 天左右)如光照过强可适当遮阳。发根后秧苗培育阶段与一般育苗相同。

二、设施育苗技术

我国北方地区冬、春季节进行蔬菜育苗时,外界温度较低,需借助一些设施增温,才能达到较好的育苗效果。根据蔬菜种类和幼苗生长发育特点,来选用合适的设施、设备是育苗成败的关键。

(一)苗床播种

1. 播种日期的确定

一般是根据当地的适宜定植期和适龄苗的成苗期来确定,即从适宜定植期起按某种蔬菜的日历苗龄向前推算播种期。例如,河南日光温室春茬番茄一般在 2 月上旬至 3 月上旬定植,育成适合定植的具有 8～9片叶的秧苗需 60～80 天。一般应在 11

月下旬至12月下旬播种。

2. 播前先对种子进行处理

低温期选晴暖的上午播种。播前浇足底水，水渗下后，在床面薄薄撒盖一层育苗土，防止播种后种子直接沾到湿漉漉的畦土上，发生糊种。小粒种子用撒播法。大粒种子一般点播。瓜类、豆类种子多点播，如采用容器育苗应播于容器中央，瓜类种子应平放，不要立插种子，防止出苗时将种皮顶出土面并夹住子叶，即形成“戴帽”苗(图2-2)。催芽的种子表面潮湿，不易撒开，可用细沙或草木灰拌匀后再撒。播后覆土，并用薄膜平盖畦面。

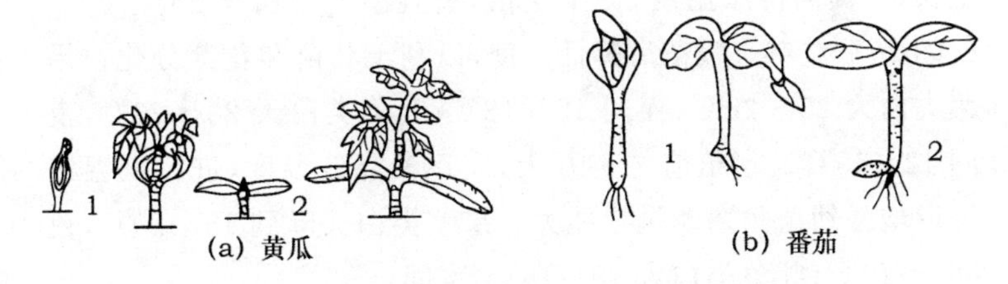

图2-2　黄瓜、番茄子叶戴帽苗与正常脱壳苗比较

1. 子叶戴帽苗；2. 子叶正常脱壳苗

(二)苗期管理

苗期管理是培育壮苗的最重要环节。苗期管理的任务是创造适宜于幼苗生长发育的环境条件，并通过控制各种条件协调幼苗的生长发育。

1. 温度管理

苗期温度管理的重点是掌握好“三高三低”，即“白天高，夜间低；晴天高，阴天低；出苗前、移苗后高，出苗后、移苗前和定植前低”。各阶段的具体管理要点如下。

(1)播种至第一片真叶展出出苗前温度宜高，关键是维持适宜的土温。果菜类应保持25～30℃，叶菜类20℃左右。当70%以上幼苗出土后，为促进子叶肥厚、避免徒长、利于生长点分化，应撤除薄膜以适当降温。把白天和夜间的温度分别降低3～5℃，防止幼苗的下胚轴旺长，形成高脚苗。若发现土面裂缝及出土“戴帽”时，可撒盖湿润细土，填补土缝，增加土表湿润度及压力，以助子叶脱壳。

(2)第一片真叶展出至分苗第一片真叶展出后，白天应保持适温，夜间则适当降低温度，使昼夜温差达到10℃以上，以提高果菜的花芽分化质量，增强抗寒性和坑病性。分苗前一周降低温度，对幼苗进行短时间的低温锻炼。

(3)分苗至定植分苗后几天里为促进根系伤口愈合与新根生长，应提高苗床温度，促早缓苗，适宜温度是白天25～30℃，夜间20℃左右。缓苗后降低温度，以利于壮苗和花芽分化。果菜类白天25～28℃，夜间15～18℃；叶菜类白天20～22℃，夜间12～15℃。定植前7～10天，应逐渐降低温度，进行低温锻炼以增强幼苗耐寒及抗旱能力。果菜类白天降到15～20℃，夜间5～10℃；叶菜类白天10～15℃，夜间1～5℃。

各种蔬菜幼苗苗期温度管理大体都经过这几个阶段，只是不同作物、不同时期育苗，其具体温度指标有所不同。

2. 湿度管理

育苗期间的湿度管理，可按以下几个阶段进行。

(1)播种至分苗播种前浇足底水后，到分苗前一般不再浇水。当大部分幼苗出土时，将苗床均匀撒盖一层育苗土，保湿并防止子叶“戴帽”出土，形成“戴帽”苗。齐苗时，再撒盖一次育苗土。此期间，如果苗床缺水，可在晴天中午前后喷小水，并在叶面无水珠时撒土，压湿保墒。

(2)分苗前1天浇透水，以利起苗，并可减少伤根。栽苗时要注意浇足稳苗水，缓苗后再浇一透水，促进新根生长。

(3)分苗至定植期适宜的土壤湿度以地面见干见湿为宜。对于秧苗生长迅速、根系比较发达、吸水能力强的蔬菜，如番茄、甘蓝等为防其徒长，应严格控制浇水。对秧苗生长比较缓慢、育苗期间需要保持较高温度和湿度的蔬菜，如茄子、辣椒等，水分控制不宜过严。

床面湿度过大时，可采取以下措施降低湿度：一是加强通风，促进地面水分蒸发；二是向畦面撒盖干土，用干土吸收地面多余的水分；三是勤松土。

3. 光照管理

低温期改善光照条件可采用以下措施。

(1)经常保持采光面清洁，可保持较高的透光率。

(2)做好草苫的揭盖工作，在满足保温需要的前提下，尽可能地早揭、晚盖草苫，延长苗床内的光照时间。

(3)搞好间苗和分苗，秧苗密集时，互相遮阴，会造成秧苗徒长，应及时进行间苗或分苗，以增加营养面积，改善光照条件。

4. 分苗管理

一般分苗1次。不耐移植的蔬菜如瓜类，应在子叶期分苗；茄果类蔬菜可稍晚些，一般在花芽分化开始前进行。宜在晴天进行，地温高，易缓苗。分苗方法有开沟分苗、容器分苗和切块分苗。早春气温低时，应采用暗水法分苗，即先按行距开沟、浇水，并边浇水边按株距摆苗，水渗下后覆土封沟。高温期应采用明水法分苗，即先栽苗，全床栽完后浇水。

分苗后因秧苗根系损失较大，吸水量减少，应适当浇水，防止萎蔫，并提高温度，促发新根。光照强时，应适当遮阴。

5. 其他管理

在育苗过程中，当幼苗出现缺肥症状时，应及时追肥。追肥以施叶面肥为主，可用0.1%尿素或0.1%磷酸二氢钾等进行叶面喷肥。

苗期追施二氧化碳，不仅能提高苗的质量，而且能促进果菜类的花芽分化，提高花芽质量。适宜的二氧化碳施肥浓度为800～1 000 毫升/立方米。

定植前的切块和囤苗能缩短缓苗期，促进早熟丰产。一般囤苗前 2 天将苗床灌透水，第 2 天切方。切方后，将苗起出并适当加大苗距，放入原苗床内，以湿润细土弥缝保墒进行囤苗。囤苗时间不可过长（7 天左右），囤苗期间要防淋雨。

三、嫁接育苗技术

（一）嫁接育苗的意义

嫁接育苗是把要栽培蔬菜的幼苗、苗穗（即去根的蔬菜苗）或从成株上切下来的带芽枝段，接到另一野生或栽培植物（砧木）的适当部位上，使其产生愈合组织，形成一株新苗。

蔬菜嫁接育苗，通过选用根系发达及抗病、抗寒、吸收力强的砧木，可有效地避免和减轻土传病害的发生和流行，并能提高蔬菜对肥水的利用率，增强蔬菜的耐寒、耐盐等方面的能力，从而达到增加产量、改善品质的目的。

（二）主要嫁接方法

蔬菜的嫁接方法比较多，常用的主要有靠接法、插接法和劈接法等几种。靠接法主要采取离地嫁接法，操作方便，同时蔬菜和砧木均带自根，嫁接苗成活率也比较高。靠接法的主要缺点是嫁接部位偏低，防病效果较差，主要用于不以防病为主要目的的蔬菜嫁接，如黄瓜、丝瓜、西葫芦等。插接法的嫁接部位高，远离地面，防病效果好，但蔬菜采取断根嫁接，容易萎蔫，成活率不易保证，主要用于以防病为主要目的的蔬菜嫁接，如西瓜、甜瓜等。由于插接法插孔时，容易插破苗茎，因此苗茎细硬的蔬菜不适合采用。劈接法的嫁接部位也比较高，防病效果好，但对蔬菜接穗的保护效果不及插接法的好，主要用于苗茎细硬的蔬菜防病嫁接，如茄果类蔬菜嫁接。

(三)嫁接砧木

嫁接砧木的基本要求是:与蔬菜的嫁接亲和性强并且稳定,以保证嫁接后伤口及时愈合;对蔬菜的土传病害抗性强或免疫,能弥补栽培品种的性状缺陷;能明显提高蔬菜的生长势,增强抗逆性;对蔬菜的品质无不良影响或不良影响小。目前蔬菜上应用的砧木主要是一些蔬菜野生种、半栽培种或杂交种。

(四)嫁接前准备

1. 嫁接场地

蔬菜嫁接应在温室或塑料大棚内进行,场地内的适宜温度为25～30℃、空气湿度为90%以上,并用草苫或遮阳网将地面遮成花荫。

2. 嫁接用具

嫁接用具主要有刀片、竹签、托盘、干净的毛巾、嫁接夹或塑料薄膜细条、手持小型喷雾器和酒精(或1%高锰酸钾溶液)。

(五)嫁接技术操作要点

1. 靠接法操作要点

靠接法应选苗茎粗细相近的砧木和蔬菜苗进行嫁接。如果两苗的茎粗相差太大,应错期播种,进行调节。靠接过程包括砧木苗去心、砧木苗茎切削、接穗苗茎切削、切口接合及嫁接部位固定等几道工序,见图2-3。

2. 插接法操作要点

普通插接法所用的砧木苗茎要较蔬菜苗茎粗1.5倍以上,主要是通过调节播种期使两苗茎粗达到要求。插接过程包括砧木去心、插孔、蔬菜苗切削、插接等几道工序,见图2-4。

3. 劈接法操作要点

劈接法对蔬菜和砧木的苗茎粗细要求不甚严格,视两苗茎

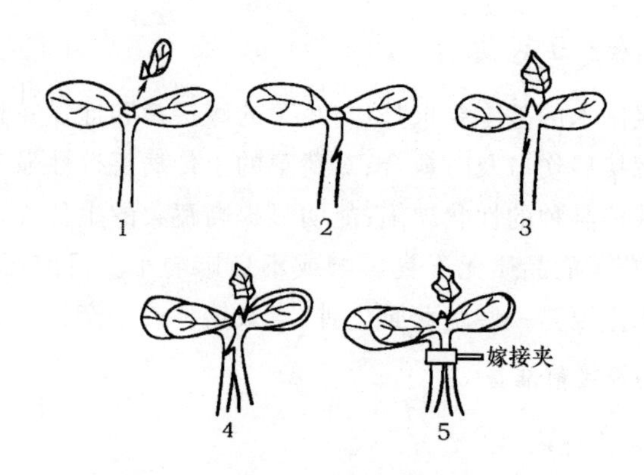

图 2-3　靠接过程

1. 砧木苗去心；2. 砧木苗茎切削；3. 接穗苗茎切削；
4. 切口接合；5. 嫁接部位固定

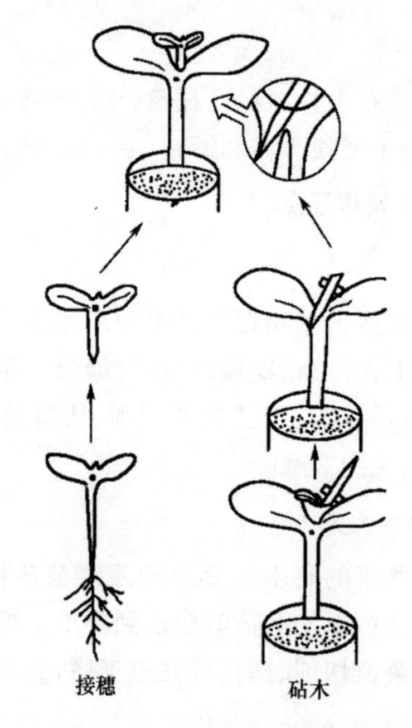

图 2-4　瓜类蔬菜幼苗插接法

的粗细差异程度，一般又分为半劈接（砧木苗茎的切口宽度为苗茎粗度的 1/2 左右）和全劈接两种形式。砧木苗茎较粗、蔬菜苗茎较细时采用半劈接；砧木与接穗的苗茎粗度相当时用全劈接。劈接法的操作过程包括砧木苗茎去心、劈接口、插接、固定接口等几道工序，见图 2－5。

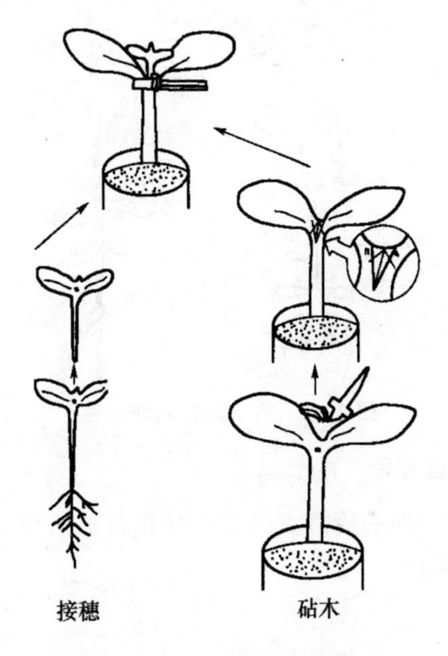

图 2－5 瓜类蔬菜幼苗劈接法

4. 斜切接法操作要点

多用于茄果类嫁接，又叫贴接法。当砧木苗长到 5～6 片真叶时，保留基部 2 片真叶，从其上方的节间斜切，去掉顶端，形成 30°左右的斜面，斜面长 1.0～1.5 厘米。再拔出接穗苗，保留上部 2～3 片真叶和生长点，从第 2 片或第 3 片真叶下部斜切 1 刀，去掉下端，形成与砧木斜面大小相等的斜面。然后将砧木的斜面与接穗的斜面贴合在一起，用嫁接夹固定（图 2－6）。

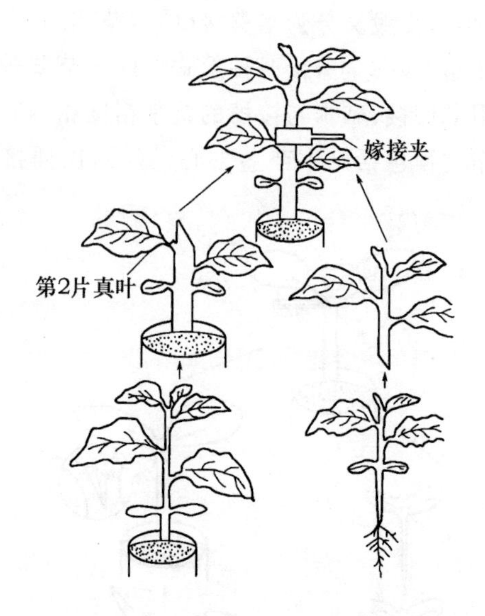

图 2－6　茄子幼苗斜切接法

(六)嫁接苗管理

嫁接后愈合期的管理直接影响嫁接苗成活率,应加强保温、保湿、遮光等管理。

1. 温度管理

一般嫁接后的前 4～5 天,苗床内应保持较高温度,瓜类蔬菜白天25～30℃,夜间 18～22℃;茄果类白天 25～26℃,夜间20～22℃。嫁接后 8～10 天为嫁接苗的成活期,对温度要求比较严格。此期的适宜温度是白天 25～30℃,夜间 20℃左右。嫁接苗成活后,对温度的要求不甚严格,按一般育苗法进行温度管理即可。

2. 湿度管理

嫁接结束后,要随即把嫁接苗放入苗床内,并用小拱棚覆盖保湿,使苗床内的空气湿度保持在 90%以上,不足时要向畦内地面洒水，但不要向苗上洒水或喷水，避免污水流入接口内，引起接口染病腐烂。3天后适量放风，降低空气湿度，并逐渐延长苗床的通风时间，加大通风量。嫁接苗成活后，撤掉小拱棚。

3. 光照管理

嫁接当天以及嫁接后头3天内，要用草苫或遮阳网把嫁接场所和苗床遮成花荫防晒。从第4天开始，要求于每天的早晚让苗床接受短时间的太阳直射光照，并随着嫁接苗的成活生长，逐天延长光照的时间。嫁接苗完全成活后，撤掉遮阴物，可开始通风、降温、降湿。

4. 嫁接苗自身管理

(1)分床管理。一般嫁接后第7～10天，把嫁接质量好、接穗苗恢复生长较快的苗集中到一起，在培育壮苗的条件下进行管理；把嫁接质量较差、接穗苗恢复生长也较差的苗集中到一起，继续在原来的条件下进行管理，促其生长，待生长转旺后再转入培育壮苗的条件下进行管理。对已发生枯萎或染病致死的苗要从苗床中剔除。

(2)断根靠接法。嫁接苗在嫁接后的第9～10天，当嫁接苗完全恢复正常生长后，选阴天或晴天傍晚，用刀片或剪刀从嫁接部位下把接穗苗茎紧靠嫁接部位切断或剪断，使接穗苗与砧木苗相互依赖进行共生。嫁接苗断根后的3～4天，接穗苗容易发生萎蔫，要进行遮阴，同时在断根的前1天或当天上午还要将苗钵浇一次透水。

(3)抹杈和抹根。砧木苗在去掉心叶后，其苗茎的腋芽能够萌发长出侧枝，要随长出随抹掉。另外，接穗苗茎上也容易产生不定根，不定根也要随发生随抹掉。

四、容器育苗技术

容器育苗可就地取材制成各种育苗容器。目前生产上广泛应用的有:营养土块、纸钵、草钵、塑料钵、薄膜筒等,不仅可以有效地保护根系不受损伤,改善苗期营养状况,而且秧苗也便于管理和运输,实现蔬菜育苗的批量化、商品化生产。可根据不同的蔬菜种类、预期苗龄来选择相应规格(直径和高度)的育苗容器。

容器育苗使培养土与地面隔开,秧苗根系局限在容器内,不能吸收利用土壤中的水分,要增加灌水次数,防止秧苗干旱。使用纸钵育苗时,钵体周围均能散失水分,易造成苗土缺水,应用土将钵体间的缝隙弥严。容器育苗的苗龄掌握要与钵体大小相适应,避免因苗体过大营养不足而影响秧苗的正常生长发育。为保持苗床内秧苗发展均衡一致,育苗过程中要注意倒苗。倒苗的次数依苗龄和生长差异程度而定,一般为1~2次。

第三节 蔬菜田间管理技术

一、整地定植

进行育苗的蔬菜,当秧苗达到定植标准以后,从苗床移栽到田间,称为定植。

(一)整地作畦

1. 耕翻

耕翻是指在耕层范围内土壤在上下空间上易位的耕作过程。土壤耕作按时间来划分,有春耕和秋耕。秋耕一般在秋季蔬菜收获后,土壤尚未结冻前进行。秋耕可以使土壤经冻垡后,质地疏松,增加吸水保水能力,消灭土壤中的越冬害虫,并可提高翌年春季的土温。因此,春季早熟栽培多采用秋耕。春耕是指对已秋耕过的菜田进行耙磨层镇压,保墒等作业,或对未秋翻的地块进行翻耕。春耕的目的在于为春播或定植做好准备,一般掌握在土壤化冻5厘米左右时进行。在二作区或三作区,一年中当前茬栽培结束后，还应进行伏耕。伏耕以整地、保墒为目的，同时进行一定的晒垡也有利于土壤肥力的提高。

在深耕时，需要注意：不要将生土翻上来，遵守“熟土在上，生土在下，不乱土层的原则”；深耕不需要每年进行，可深浅结合；深耕应结合施用大量的有机肥；深耕的深度应结合具体茬口和土壤特性决定，土层厚时，可适当深耕，土层浅时，可适当浅耕，根菜类、果菜类宜深耕；叶菜类宜稍浅耕。深耕应在秋茬蔬菜收获后进行。

2. 作畦

根据当地的气候条件、土壤条件和作物种类的不同，栽培畦可作成平畦、低畦、高畦或垄。

(1)平畦。畦面与田间通道相平的栽培畦形式。平畦土地利用率较高，适用于排水良好、雨量均匀，不需要经常灌溉的地区。

(2)低畦。畦面低于地面，即畦间走道比地面高的栽培畦形式。低畦有利于蓄水和灌溉，适用于地下水位低、排水良好、气候干燥的地区。

(3)高畦。为排水方便，在平畦基础上，挖一定的排水沟，使畦面凸起的栽培畦形式。适合于降水量大且集中的地区。

(4)垄。垄是一种较窄的高畦，其特点是垄底宽上面窄。高哇和垄有利于提高地温、加厚土层，且排水方便，北方需要灌溉的地区则多采用垄。

(二)定植的时期和方法

1. 定植时期

确定秧苗定植时期要考虑当地的气候条件、蔬菜种类、栽培目的、栽培场地条件及保护措施等。对于一些耐寒和半耐寒的蔬菜种类，长江以南地区多进行秋冬季栽培，以幼苗越冬；而在北方地区，多在春季土壤化冻后，10 厘米土温稳定在 5～10℃时定植。对于喜温性果菜类，温度是重要条件之一，一般要求日最低气温稳定在 5℃以上，10 厘米土温应稳定在 10℃以上。果菜类抢早定植，安全定植指标是 10 厘米土温不低于 10～15℃，并且不受晚霜的危害。在安全的前提下，提早定植是争取早熟高产的重要环节。北方春季应选无风的晴天定植，最好定植后有 2～3 天的晴天，以借助较高的气温和土温促进缓苗。南方定植温度多较高，宜选无风阴天或傍晚，以避免烈日暴晒。

2. 定植方法

(1)明水定植法。整地作畦后，按要求的株行距开定植沟(穴)，沟内栽苗，然后放明水。此法浇水量大，地温降低明显，适于高温季。

(2)暗水定植法。按株行距开沟(穴)，按沟(穴)灌水，水渗下后栽苗封沟覆土。此法用水量小，地温下降幅度小，表土不板结，透气好，利于缓苗，但较费工。

定植深度以达到子叶以下为宜。不同种类有所不同，例如黄瓜根系浅、需氧量高，定植宜浅。茄子根系较深、较耐低氧，定植宜深。番茄可栽至第一片真叶下，对于番茄等的徒长苗还可深栽，以促进茎上不定根的发生。大白菜根系浅、茎短缩，深栽易烂心。北方春季定植不宜过深，潮湿地区定植不宜过深。

3. 定植密度

合理的定植密度是指单位面积土地有一个合理的群体结构，使个体发育良好，同时能充分发挥群体的增产作用，达到充分利用光能，地力和空间，从而获得高产。定植密度因蔬菜种类和栽培方式而异，例如，爬地生长的蔓性蔬菜定植密度宜小，直立生长或支架栽培的蔬菜密度可适当增大；对一次采收肉质根或叶球的蔬菜，为提高个体产量和品质，定植密度宜小，而以幼小植株为产品的绿叶菜类为提高群体产量定植密度宜大；对于多次采收的茄果类及瓜类，早熟品种或栽培条件不良时密度宜大，晚熟品种或适宜条件下栽培时定植密度宜小。

二、施肥

（一）施肥的方式

1. 基肥（底肥）

基肥是蔬菜播种或定植前结合整地施入的肥料。其特点是施用量大、肥效长，不但能为蔬菜的整个生育时期提供养分，还能为蔬菜创造良好的土壤条件。基肥一般以有机肥为主，根据需要配合一定量的化肥，化肥应以迟效肥与速效肥兼用为标准。基肥的施用方法主要有：

（1）撒施。将肥料均匀地铺撒在田面，结合整地翻入土中，并使肥料与土壤充分混匀。

（2）沟施。栽培畦（垄）下开沟，将肥料均匀撒入沟内，施肥集中，有利于提高肥效。

（3）穴施。先按株行距开好定植穴，在穴内施入适量的肥料。既节约肥料，又能提高肥效。

用后两种方法时，应在肥料上覆一层土，防止种子或幼苗根系与肥料直接接触而烧种或烧根。

2. 追肥

追肥是在蔬菜生长期间施用的肥料。追肥以速效性化肥和充分腐熟的有机肥为主，施用量可根据基肥的多少、蔬菜种类和生长发育时期来确定。追肥的方法主要有：

（1）地下埋施。在蔬菜行间或株间开沟或开穴，将肥料施入后覆土并灌水。

（2）地面撒施。将肥料均匀撒于蔬菜行间并进行灌水。

（3）随水冲施。将肥料先溶解于水中，结合灌水施入蔬菜根际。

3. 叶面喷肥

将配制好的肥料溶液直接喷洒在蔬菜茎叶上的一种施肥方法。此法可以迅速提供蔬菜所需养分,避免土壤对养分的固定,提高肥料利用率和施用效果。用于叶面喷肥的肥料主要有磷酸二氢钾、复合肥及可溶性微肥,施用浓度因肥料种类而异,浓度过高易造成叶片伤害。

(二)合理施肥的依据

1. 不同蔬菜种类与施肥

不同蔬菜种类对养分吸收利用能力存在差异。例如,白菜、菠菜等叶菜类蔬菜喜氮肥,但在施用氮肥的同时,还需增施磷肥、钾肥;瓜类、茄果类和豆类等果菜类蔬菜,一般幼苗需氮较多,进入生殖生长期后,需磷量剧增,因此要增施磷肥,控制氮肥的用量;萝卜、胡萝卜等根菜类蔬菜,其生长前期主要供应氮肥,到肉质根生长期则要多施钾肥,适当控制氮肥用量,以便形成肥大的肉质直根。

2. 不同生育时期与施肥

蔬菜各生育期对土壤营养条件的要求不同。幼苗期根系尚不发达,吸收养分数量不太多,但要求很高,应适当施一些速效肥料;在营养生长盛期和结果期,植株需要吸收大量的养分,因此必须供给充足肥料。

3. 不同栽培条件与施肥

沙质土壤保肥性差,故施肥应少量多次;高温多雨季节,植株生长迅速,对养分的需求量大,但应控制氮肥的施用量,以免造成营养生长过盛,导致生殖生长延迟;在高寒地区,应增施磷肥、钾肥,提高植株的抗寒性。

4. 肥料种类与施肥

化肥种类繁多，性质各异，施用方法也不尽相同。铵态氮肥易溶于水，作物能直接吸收利用，肥效快，但其性质不稳定，遇碱遇热易分解挥发出氨气，因而施用时应深并及时覆土。尿素施入土壤后经微生物转化才能被吸收，所以尿素作追肥要提前施用，采取泵施、穴施、沟施，避免撒施。弱酸性磷肥宜施于酸性土壤，在石灰性土壤上施用效果差。硫酸钾、氯化钾、氯化铵、硫酸铵等化学中性、生理酸性肥料，最适合在中性或石灰性土壤上施用。

三、灌溉

（一）灌溉的主要方式

1. 明水灌溉

明水灌溉包括沟灌、畦灌和漫灌等几种形式，适用于水源充足、土地平整的地块。明水灌溉投资小，易实施。适用于露地大面积蔬菜生产，但费工费水，土壤易板结，故灌水后要及时中耕松土。

2. 暗水灌溉

（1）渗灌。利用地下渗水管道系统，将水引入田间，借土壤毛细管作用自下而上湿润土壤。

（2）膜下暗灌。在地膜下开沟或铺设滴灌管进行灌溉。该法省水省力，使土壤蒸发量降至最低，低温期可减少地温的下降，适用于设施蔬菜栽培。

3. 微灌

（1）滴灌。通过输水管道和滴灌管上的滴孔（滴头），使灌溉水缓缓滴到蔬菜根际。这种方法不破坏土壤结构，同时能将化肥溶于水中一同滴入，省工省水，能适应复杂地形，尤其适用于干旱缺水地区。

(2)喷灌。采用低压管道将水流雾化喷洒到蔬菜或土壤表面。喷灌雾点小,均匀,土表不易板结,高温期间有降温、增湿的作用,适用于育苗或叶菜类生产。但喷灌易使植株产生微伤口,加之高温高湿,易导致真菌病害的发生。

(二)合理灌溉的依据

1. 根据季节、气候变化灌水

低温期尽量不浇水、少浇水,可通过勤中耕来保持土壤水分。必须浇水时,要在冷尾暖头的晴天进行,最好在中午前浇完。高温期间可通过增加浇水次数,加大浇水量的方法来满足蔬菜对水分的需求,并降低地温。高温期浇水最好选择在早晨或傍晚。

2. 根据土壤情况灌水

土壤湿度是决定灌水的主要因素,缺水时应及时灌水。对于保水能力差的沙壤土,应多浇水,勤中耕;对于保水能力强的黏壤土,灌水量及灌水次数要少;盐碱地上可明水大灌,防止返盐;低洼地上,则应小水勤浇,排水防碱。

3. 根据蔬菜的种类、生育期和生长状况灌水

(1)根据蔬菜种类进行灌水。对白菜、黄瓜等根系浅而叶面积大的种类,要经常灌水;对番茄、茄子、豆类等根系深且叶面积大的种类,应保持畦面“见干见湿”;对速生性叶菜类应保持畦面湿润。

(2)根据不同生育期进行灌水。种子发芽期需水多,播种要灌足播种水;根系生长为主时,要求土壤湿度适宜,水分不能过多,以中耕保墒为主,一般少灌或不灌;地上部分功能叶及食用器官旺盛生长时需大量灌水。始花期,既怕水分过多,又怕过于干旱,所以多采取先灌水后中耕。食用器官接近成熟时期一般

不灌水，以免延迟成熟或裂球裂果。

(3)根据植株长势进行灌水。根据叶片的外形变化和色泽深浅、茎节长短、蜡粉厚薄等，确定是否要灌水。如露地黄瓜，如果早晨叶片下垂，中午叶萎蔫严重，傍晚不易恢复，甘蓝、洋葱叶灰蓝，出现表面蜡粉增多，叶片脆硬等状态，说明缺水，要及时灌水。

四、植株调整

植株调整是通过整枝、打杈、摘心、支架、绑蔓、疏花疏果等措施，人为地调整植株的生长和发育，使营养生长与生殖生长、地上部和地下部生长达到动态平衡，植株达到最佳的生长发育状态，促进其产品器官的形成和发展。同时，还可以改变田间蔬菜群体结构的生态环境，使之通风透光，降低田间湿度，以减少病虫害的发生。

(一)整枝、摘心和打杈

1. 整枝

果菜类蔬菜栽培中，在植株具有足够的功能叶时，为控制营养生长，减少养分消耗，清除多余分枝，创造一定的株形，以促进果实发育的方法称为整枝。

2. 摘心

摘心是除掉顶端生长点。对于侧蔓结果为主的瓜类(甜瓜、瓠瓜)，应在主蔓长出不久即进行摘心，促使其早分枝，早开雌花。对于搭架栽培的果菜，为了抑制营养生长，除掉顶端生长点的作业，又称“打顶”或“闷尖”。

3. 打杈

除掉侧枝或腋芽称为打杈。使植株在具有足够的功能叶时，为减少养分消耗，清除多余分枝的措施。多次进行可减少养分消耗。

(二)摘叶、束叶

1. 摘叶

在植株生长期间摘除病叶、老叶、黄叶,有利于植株下部通风透光,减轻病害的发生和蔓延,减少养分消耗,促进植株良好发育。

2. 束叶

束叶是大白菜、花椰菜的一项管理措施。大白菜生长后期,将其外叶束起,促使包心紧实、叶球软化,并能保护叶球免遭冻害;花椰菜的花球形成时,将近球叶片束起或折弯盖在花球上,使花球洁白,品质提高。但束叶不能过早进行,否则会影响光合作用。

(三)支架、牵引、绑蔓

1. 支架

对不能直立生长的蔬菜如黄瓜、番茄、菜豆等,利用支架进行栽培,可增加栽植密度,充分利用空间和土壤。常见架形有人字架、四脚架、篱架、直排架和棚架。

2. 牵引

牵引是指设施栽培中对一些蔓性、半蔓性蔬菜进行攀援引导的方法。将牵引绳索的一端固定在架顶,另一端固定在根部,把植株环绕在牵引绳索上。

3. 绑蔓

对于攀缘性较差的黄瓜、番茄等蔬菜,利用麻绳、稻草、塑料绳等材料将其茎蔓固定在架竿上称为绑蔓。生产中多采用“8”字形绑缚,可防止茎蔓与架竿发生摩擦。绑蔓时松紧要适度,既要防止茎蔓在架上随风摆动,又不能使茎蔓受伤或出现缢痕。

(四)压蔓、茎下落盘蔓

1. 压蔓

压蔓是将爬地生长的蔓性蔬菜的部分茎节压入土中,以促进不定根的发生,增加吸收面积,防止大风吹动。使植株在田间排列整齐,茎叶均匀分布。

2. 茎下落盘蔓

设施内为减少架竿遮阴,多采用吊蔓栽培。对于黄瓜、番茄、菜豆等无限生长型蔬菜,茎蔓长度可达 3 米以上,为保证茎蔓有充分的空间生长和便于管理,可根据果实采收情况随时将茎蔓下落,盘绕于畦面上,使植株生长点始终保持适当的高度。

(五)疏花疏果和保花保果

1. 疏花疏果

对于以营养器官为产品的蔬菜,应及早除去花器,以减少养分消耗,促进产品器官形成,如马铃薯、大蒜等;以较大型果实为产品的蔬菜,选留少数优质幼果,除去其余花果,靠集中营养、提高单果质量、改善品质来增加效益,如西瓜、冬瓜、番茄等,要注意选留最佳结果部位和发育良好的幼果。

2. 保花保果

当植株的营养来源不够花和果实所需时,一些花和果实会自行脱落,当植株营养状况良好时,如外界环境对受精过程不适宜,也会刺激体内 ABA 水平的提高而导致落花落果甚至落叶,因此,对于设施栽培中易落花落果的蔬菜,如番茄、菜豆等,宜采取保花保果的措施,以提高坐果率。

第四节　蔬菜的栽培制度与周年生产

一、蔬菜的栽培制度

蔬菜的栽培制度是指在一定的时间内，在一定的土地面积上各种蔬菜安排布局的制度。它包括因地制宜地扩大复种，采用轮作、间、混、套作等技术来安排蔬菜栽培的次序，并配以合理的施肥和灌溉制度、土壤耕作和休闲制度。通常所说的“茬口安排”系栽培制度设计的俗称。

(一)连作与轮作

1. 连作及其危害

连作又称“重茬”，是指在同一块土地上，不同茬次或者是不同年份内连续栽培同一种蔬菜。一年一茬的连作如第一年栽培番茄，第二年还是番茄；一年多茬的连作如第一年春夏种番茄，秋季种植萝卜或白菜，第二年春夏季再种番茄。

连作具有较大的危害性。首先，因为同一种蔬菜在同一块土地上连续栽培，对于其所需要的养分年年不断地吸取，而吸收少的营养留在土中，造成土壤内营养元素的失调。其次，各种蔬菜地下部根系的分布位置各有深浅，吸收养分范围各有大小。如果年年连作，同类蔬菜根系深浅相同，致使不同位置的土壤营养不能得到充分利用，甚至造成根层营养缺乏。再次，各种蔬菜的病虫害的病原常在土中越冬，连作无疑是为病虫害培养寄主，导致病虫害逐年加重。另外，连作会造成某种蔬菜根系分泌有毒物质或有害物质积累，对土壤微生物及其自身都会产生抑制作用。最后，某些蔬菜的连作还会导致土壤 pH 值的连续上升或者下降。

2. 轮作

轮作是指在同一块土地上，按一定的年限轮换种植几种性质不同的蔬菜，也称换茬或倒茬。一年单主作区即为不同年份栽种不同种类的蔬菜；一年多主作区则是以不同的多次作方式，在不同年份内轮流种植。轮作对于合理利用土壤肥力，减轻病虫害，提高土地利用率都有显著作用。蔬菜的轮作和大田作物的轮作存在一定的差异，由于蔬菜种类多，不可能将田块分为许多小区，每年轮换一种作物，且每类蔬菜多具有相同的特性，因此要将各类蔬菜分类轮流栽培，如白菜类、根菜类、葱蒜类、茄果类、瓜类、豆类等。同类蔬菜集中于同一区域，不同类的同科蔬菜也不宜相互轮作，如番茄和马铃薯。绿叶菜类的生长期短，应配合在其他作物的轮作区中栽培，不独占一区。

3. 轮作应掌握的原则

(1)吸收土壤营养不同，根系深浅不同的蔬菜互相轮作。如叶菜类吸收氮肥较多，根茎类吸收钾肥较多，果菜类吸收磷肥较多，可以轮作栽培；根菜类、果菜类(除黄瓜)深根作物与叶菜类及葱蒜类浅根作物轮作。

(2)互不传染病虫害。同科作物往往病虫害易互相传染，应避免同科连作。

(3)有利于改进土壤结构，提高土壤肥力。在轮作系中配合豆科、禾本科，接着禾本科种植需N肥多的白菜类、茄果类、瓜类，往后是需N肥较少的根菜类和葱蒜类，最后种植豆类。薯芋类栽培需深耕培土多肥，其杂草少，余肥多，也是改进土壤的作物。瓜类和韭类也能遗留较多的有机质，改进土壤。

(4)注意不同蔬菜对土壤pH值的要求。各种蔬菜对土壤pH值的适应性不同，轮作时应注意。如甘蓝、马铃薯能增加酸性，而玉米、南瓜等能降低酸性，所以对土壤酸性敏感的洋葱等作物，作为玉米、南瓜的后作可获高产，作为甘蓝的后作则减产。

另外豆类的根瘤也会留给土壤较多的有机酸，连作减产。

(5)考虑到前作对杂草的抑制作用。如胡萝卜、芹菜等生长缓慢，易草荒；葱蒜类、根菜类也易受到杂草危害；而南瓜、冬瓜等对杂草抑制作用较强，甘蓝、马铃薯等也易于消除草荒，所以可以相互轮作。

4. 轮作与连作的年限

根据轮作原则，蔬菜种类不同而轮作年限也不同。如白菜、芹菜、甘蓝、花椰菜等在没有严重发病的地块上可以连作几茬，但需增施有机肥。需 2～3 年轮作的有马铃薯、黄瓜、辣椒等；需 3～4 年轮作的有番茄、大白菜、茄子、甜瓜、豌豆等；需 6～7 年以上轮作的有西瓜等。一般地，十字花科、伞形科等较耐连作，但以轮作为佳；茄科、葫芦科、豆科、菊科连作危害大。

轮作虽有许多优点，但蔬菜生产不可能都实行轮作，连作制度尚不能完全废弃，这就需根据蔬菜种类确定连作年限。黄瓜病虫害较多，连作不可超过 2～3 年，3 年后一定要另种其他蔬菜；大白菜由于需求量多，栽培面积大，虽然病害较重，仍需部分连作，但连作限度不应超过 3～4 年；葱蒜类忌连作。

(二)间、混、套作

两种或两种以上的蔬菜隔畦、隔行或隔株同时有规则地栽培在同一地块上，称为间作；两种或两种以上的蔬菜同时不规则地混合种植，称为混作。在前作蔬菜的生长发育后期，在其行间或株间种植后作蔬菜，前、后两作共同生长的时间较短，称为套作。

合理的间、混、套作，就是把两种或两种以上的蔬菜，根据其不同的生理生态特征，发挥其种类间互利因素，组成一个复合群体，通过合理的群体结构，增加单位土地面积上的植株总数。更有效地利用光能与地力，时间与空间，造成互利的环境，甚至减轻杂草病虫等的危害。所以，间、混、套作是增加复种指数，提高单位面积产量，增加经济效益的一项有效措施，也是我国蔬菜栽培制度的一个显著特点。

在实行蔬菜的间、混、套作时，由于作物间既有互助互利的一面，又不可避免地存在矛盾的一面，因此，要根据各种蔬菜的农业生物学特性，选择互利较多的作物互相搭配，还要因地制宜地采用合理的田间群体结构及相应的技术措施，才能保证高产优质高效。如搭配不合理，加剧了互相竞争，反而会导致减产减收。

在实施间混套作时应掌握以下原则：

1. 合理搭配蔬菜的种类和品种

(1)高矮结合。高秧与矮秧搭配，有利于光能的充分利用，也可增加单位面积株数，对不同层次的光照和气体都能有效地利用，同时还可改善田间小气候条件。如黄瓜与辣椒间作。

(2)深浅结合。深根性与浅根性种类相搭配，以合理利用不同层次土壤中的营养，也避免了同一层次内的根系竞争。如茄果类与叶菜类间套作。

(3)早晚结合。在生长期、熟性和生长速度上掌握生长期长与短，生长快的与慢的，早熟的与晚熟的相搭配。如生长期短的叶菜类与生长期长的黄瓜间套作，生长缓慢的芹菜与速生小白菜混播。

(4)阴阳搭配。在对光照的要求上，掌握喜强光的与耐阴的相搭配。如黄瓜与芹菜间作。

(5)对营养元素竞争小的相搭配。这样可以有效地利用土中不同的营养，如叶菜类需 N 元素多，对 P、K 元素要求较少；果菜类需 P、K 元素较多，它们互相间套作可以互有益处。

(6)互不抑制。应注意某些作物分泌的物质对另外作物的抑制。

2. 合理安排田间结构

间、混、套作后，单位面积上的总株数增加，所以要处理好作物间争光线、争空间和争肥水的矛盾。

(1)分清主副、合理配置。主副作的比例要得当，使二者均能获得良好的生长发育条件，可在保证主作密度与产量的前提下，适当提高副作的密度与产量。但不能以副作干扰主作。

(2)合理安排株行距。高矮结合时，矮生作物种植幅度适当加宽，高秆作物适当幅度变窄，缩小株距，充分发挥边际效应。

(3)合理安排共生期。主副作共生期越长相互竞争越激烈，可利用各种措施缩短共生期。如间作者同期播种或定植，但主副作的收获期可以不同。套作者前茬利用后茬的苗期，不影响自身的生长；后茬利用前茬的后期，不妨碍壮苗。有的前作为后作的萌发出苗保苗创造了良好的条件。

3. 采取相应的栽培技术措施

间混套作要求比较高的劳力、肥料和技术等条件。如间作中各种条件跟不上，副作采收又不及时，会降低主作产量。对于套作，它不仅高度地利用空间，而且也高度地利用时间，增加复种。复种指数的增加，等于扩大了土地面积，这种制度最适于近郊人多地少，肥源充足的地方。

4. 必须注意两种作物在肥水、通风等管理中矛盾不能太大

(三)多次作

在同一块土地上一年内连续栽培多种蔬菜，可以收获多次的称为多次作或复种制度。在一年的整个生长季节或一部分季节内连续栽培同一种蔬菜，称为重复作。合理地安排蔬菜的多次作，并尽可能结合间、套作方式，是提高菜田光能和土地利用率，实现全年均衡供应、高产稳产和品种多样化的有效途径。

多次作制度通常从两个方面来理解其含义。从狭义上说，

是在固定的土地面积上，在一年的生产季节中，连续栽培蔬菜的茬次。如一年二熟、二年五熟、一年三熟等。从广义上讲，是在一个地域内，在一年的生产季节中，连续栽培蔬菜的季节茬数。如越冬茬、春茬、夏茬、秋茬等。通常前者称为“土地(利用)茬口”，后者称为“(生产)季节茬口”。二者在生产计划中共同组成完整的栽培制度。

各地的多次作制度基本可反映该地的自然条件、经济条件和耕作技术水平，也反映出菜田利用的程度。通常以“复种指数”作为度量菜田利用程度的指标。复种指数是指一年内土地被重复利用的平均次数，可用当地的栽培面积除以耕地面积计算。

二、栽培季节与茬口安排

蔬菜的栽培季节是指从种子直播或幼苗定植到产品收获完毕为止的全部占地时间而言。对于先在苗床中育苗，后定植到菜田中的，因苗期不占大田面积，苗期可不计入栽培季节。

茬口安排是当年和两三年内在同一块地内安排蔬菜的种植茬次，以提高土地的利用率和增加蔬菜生产产品。

(一)蔬菜栽培季节确定的原则

确定蔬菜栽培季节的基本原则，是将蔬菜的整个生长期安排在它们能适应的温度季节里，且将产品器官的生长期安排在温度最适宜的季节里，以保证产品的高产、优质。当然同时也应考虑到光照、雨量及病虫害等问题。

1. 露地蔬菜栽培季节确定的原则

露地蔬菜生产是以高产优质作为主要目的，因此确定栽培季节时，应将所种植蔬菜的整个栽培期安排在其能适应的温度季节里，而将产品器官形成期安排在温度条件最为适宜的月份里。

2. 设施蔬菜栽培季节确定的原则

设施蔬菜生产是露地蔬菜生产的补充,其生产成本高,栽培难度大。因此,应以高效益为主要目的来安排栽培季节。具体原则是将所种植蔬菜的整个栽培期安排在其能适应的温度季节里,而将产品器官形成期安排在该种蔬菜的露地生产淡季或产品供应淡季里。

3. 蔬菜栽培季节确定的基本方法

(1)露地蔬菜栽培季节的确定方法。

①根据蔬菜的类型来确定栽培季节。耐热以及喜温性蔬菜的产品器官形成期要求高温,故一年当中,以春夏季的栽培效果为最好。

喜冷凉的耐寒性蔬菜以及半耐寒性蔬菜的栽培前期对高温的适应能力相对较强,而产品器官形成期却喜欢冷凉,不耐高温,故该类蔬菜的最适宜栽培季节为夏秋季。

北方地区春季栽培时,往往因生产时间短,产量较低,品质也较差。

另外选择品种不当或栽培时间不当时,还容易出现未熟抽薹问题。

②根据市场供应情况来确定栽培季节。要本着有利于缩小市场供应的淡旺季差异、延长供应期的原则,在确保主要栽培季节里的蔬菜生产的同时,通过选择合适的蔬菜品种以及栽培方式,在其他季节里,也安排一定面积的该类蔬菜生产。

近几年来,北方地区兴起的大白菜和萝卜春种、西葫芦秋播以及夏秋西瓜栽培等,不仅提高了栽培效益,而且也延长了产品的供应时间。

③根据生产条件和生产管理水平来确定栽培季节。如果当地的生产条件较差、管理水平不高,应以主要栽培季节里的蔬菜生产为主,确保产量;如果当地的生产条件好、管理水平较高,就

应适当加大非主要栽培季节里的蔬菜生产规模，增加淡季蔬菜的供应量，提高栽培效益。

(2)设施蔬菜栽培季节的确定方法。

①根据设施类型来确定栽培季节。不同设施的蔬菜适宜生产时间是不相同的，对于温度条件好，可全年进行蔬菜生产的加温温室以及改良型日光温室(有区域限制)，其栽培季节确定比较灵活，可根据生产和供应需要，随时安排生产。

温度条件稍差的普通日光温室、塑料拱棚、风障畦等，栽培喜温蔬菜时，其栽培期一般仅较露地提早和延后 15～40 天，栽培季节安排受限制比较大，多于早春播种或定植，初夏收获，或夏季播种、定植，秋季收获。

②根据市场需求来确定栽培季节。设施蔬菜栽培应避免其主要产品的上市期与露地蔬菜发生重叠，尽可能地把蔬菜的主要上市时间安排在国庆节至来年的“五一”国际劳动节期间。在具体安排上，温室蔬菜应以 1—2 月为主要上市期，普通日光温室与塑料大棚应以 5—6 月和 9—11 月为主要的上市期。

(二)蔬菜的基本茬口类型

1. 露地蔬菜茬口

(1)季节茬口。

①越冬茬。秋季露地直播，或秋季育苗，冬前定植，来年早春收获上市。越冬茬是北方地区的一个重要栽培茬口，主要栽培一些耐寒或半耐寒性蔬菜，如菠菜、莴苣、分葱、韭菜等，在解决北方春季蔬菜供应不足中有着举足轻重的作用。

②春茬。春季播种，或冬季育苗，春季定植，春末或夏初开始收获，是夏季市场蔬菜的主要来源。

适合春茬种植的蔬菜种类比较多，而以果菜类为主。耐寒或半耐寒性蔬菜一般于早春土壤解冻后播种，春末或夏初开始收获，喜温性蔬菜一般于冬季或早春育苗，露地断霜后定植，入夏后大量收获上市。

③夏茬。春末至夏初播种或定植，主要供应期为8—9月。夏茬蔬菜分为伏菜和延秋菜两种栽培形式。

伏菜俗称火菜。伏菜，是选用栽培期较短的绿叶菜类、部分白菜类和瓜类蔬菜等，于春末至夏初播种或定植，夏季或初秋收获完毕，一般用作加茬菜来解决秋淡一类的耐热蔬菜和品种缺乏的问题。

延秋菜是选用栽培期比较长、耐热能力强的茄果类、豆类等蔬菜，进行越夏栽培，至秋末结束生产。

④秋茬。夏末初秋播种或定植，中秋后开始收获，秋末冬初收获完毕。

秋茬蔬菜主要供应秋冬季蔬菜市场，蔬菜种类以耐贮存的白菜类、根菜类、茎菜类和绿叶菜类为主，也有少量的果菜类栽培。

(2)土地利用茬口。

①一年两种两收。一年内只安排春茬和秋茬，两茬蔬菜均于当年收获，为一年二主作菜区的主要茬口安排模式。蔬菜生产和供应比较集中，淡旺季矛盾也比较突出。

②一年三种三收。在一年两种两收茬口的基础上，增加一个夏茬，蔬菜均于当年收获。该茬口种植的蔬菜种类丰富，蔬菜生产和供应的淡旺季矛盾减少，栽培效益也比较好，但栽培要求比较高，生产投入也比较大，生产中应合理安排前后季节茬口，不误农时，并增加施肥和其他生产投入。

③两年五种五收。在一年两种两收茬口的基础上，增加一个越冬茬。增加越冬茬的主要目的是解决北方地区早春蔬菜供应量少的问题。

2. 设施蔬菜主要茬口

(1)季节茬口。

①冬春茬。中秋播种或定植，入冬后开始收获，来年春末结

束生产，主要栽培时间为冬春两季。

冬春茬为温室蔬菜的主要栽培茬口，主要栽培一些结果期比较长、产量较高的果菜类。

在冬季不甚严寒的地区，也可以利用日光温室、阳畦等对一些耐寒性强的叶菜类，如韭菜、芹菜、菠菜等进行冬春茬栽培。冬春茬蔬菜的主要供应期为 1—4 月。

②春茬。冬末早春播种或定植，4 月前后开始收获，盛夏结束生产。春茬为温室、塑料大棚以及阳畦等设施的主要栽培茬口，主要栽培一些效益较高的果菜类以及部分高效绿叶蔬菜。

在栽培时间安排上，温室一般于 2—3 月定植，3—4 月开始收获；塑料大棚一般于 3—4 月定植，5—6 月开始收获。

③夏秋茬。春末夏初播种或定植，7—8 月收获上市，冬前结束生产。

夏秋茬为温室和塑料大棚的主要栽培茬口，利用温室和大棚空间大的特点，进行遮阳栽培。

主要栽培一些夏季露地栽培难度较大的果菜及高档叶菜等，在露地蔬菜的供应淡季收获上市，具有投资少、收效高等优点，较受欢迎，栽培规模扩大较快。

④秋茬。7—8 月播种或定植，8—9 月开始收获，可供应到 11—12 月。

秋茬为普通日光温室及塑料大棚的主要栽培茬口，主要栽培果菜类，在露地果菜供应旺季后、加温温室蔬菜大量上市前供应市场，效益较好。但也存在着栽培期较短，产量偏低等问题。

⑤秋冬茬。8 月前后育苗或直播，9 月定植，10 月开始收获，来年的 2 月前后拉秧。秋冬茬为温室蔬菜的重要栽培茬口之一，是解决北方地区“国庆”至“春节”阶段蔬菜（特别是果菜）供应不足的状况。

该茬蔬菜主要栽培果菜类，栽培前期温度高，蔬菜容易发生旺长,栽培后期温度低、光照不足,容易早衰,栽培难度比较大。

⑥越冬茬。晚秋播种或定植,冬季进行简单保护,来年春季提早恢复生长,并于早春供应。

越冬茬是风障畦蔬菜的主要栽培茬口,主要栽培温室、塑料大棚等大型保护设施不适合种植的根菜、茎菜以及叶菜类等,如韭菜、芹菜、莴苣等,是温室、塑料大棚蔬菜生产的补充。

(2)土地利用茬口。

①一年单种单收。主要是风障畦、阳畦及塑料大棚的茬口。风障畦和阳畦一般在温度升高后或当茬蔬菜生产结束后,撤掉风障和各种保温覆盖,转为露地蔬菜生产。

在无霜期比较短的地区,塑料大拱棚蔬菜生产也大多采取一年单种单收茬口模式。

在一些无霜期比较长的地区,也可选用结果期比较长的晚熟蔬菜品种,在塑料大棚内进行春到秋高产栽培。

②一年两种两收。主要是塑料大棚和温室的茬口。

塑料大棚(包括普通日光温室)主要为“春茬－秋茬”模式,两茬口均在当年收获完毕,适宜于无霜期比较长的地区。

温室主要分为“冬春茬－夏秋茬”和“秋冬茬－春茬”两种模式。

该茬口中的前一季节茬口通常为主要的栽培茬口,在栽培时间和品种选用上,后一茬口要服从前一茬口。

为缩短温室和塑料大棚的非生产时间,除秋冬茬外,一般均应进行育苗移栽。

(三)茬口安排的一般原则

1. 要有利于蔬菜生产

要以当地的主要栽培茬口为主,充分利用有利的自然环境,创造高产和优质的蔬菜,同时降低生产成本。

2. 要有利于蔬菜的均衡供应

同一种蔬菜或同一类蔬菜应通过排开播种，将全年的种植任务分配到不同的栽培季节里进行周年生产，保证蔬菜的全年均衡供应。要避免栽培茬口过于单调，生产和供应过于集中。

3. 要有利于提高我培效益

蔬菜生产投资大，成本高，在茬口安排上，应根据当地的蔬菜市场供应情况，适当增加一些高效蔬菜茬口以及淡季供应茬口，提高栽培效益。

4. 要有利于提高土地的利用率

蔬菜的前后茬口间，应通过合理的间、套作，以及育苗移栽等措施，尽量缩短空闲时间。

5. 要有利于控制蔬菜的病虫害

同种蔬菜长期连作，容易诱发并加重病虫害。因此，在安排茬口时，应根据当地蔬菜生产的季节性比较强的特点，适宜的栽培季节应因栽培方式、蔬菜种类、市场需求以及生产条件等不同而异。

露地蔬菜应将所种植蔬菜的整个栽培期安排在其能适应温度的季节里，而将产品器官形成期安排在温度条件最为适宜的月份里；设施蔬菜栽培应将所种植蔬菜的整个栽培期安排在其能适应温度的季节里，而将产品器官形成期安排在该种蔬菜的露地生产淡季或产品供应淡季里。

第三章　根菜类设施蔬菜栽培与病害防治

第一节　萝卜栽培技术

一、萝卜无公害生产技术

(一)整地、施基肥、作畦

萝卜根系发达,宜选择土层深厚、富含有机质、保水、保肥、排灌方便、pH 值 5～8 的沙壤土和壤土地块。播种前应重施基肥,每亩施腐熟的有机肥 4 000～5 000 千克。深耕 20～30 厘米、耙细、作畦或垄。畦长 20 米左右,宽 1.2～1.5 米,萝卜出土部分比例大的品种宜采取平畦栽培。部分地区采用垄栽,垄距 40～60 厘米,高 20～30 厘米。

(二)品种选择

可选择播种后 45 天左右可收获的极早熟品种,如夏抗 40 天、早生 40 天、四季青、三伏萝卜等;也可选择 50 天左右可收获的早熟品种如天狗 55、夏青、太白、白云等。选择抗病、优质丰产、抗逆性强、适应性广、商品性好的品种;种子纯度≥90%,净度≥97%,发芽率≥96%,水分≤8%。

(三)整地与播种

整地时采用早耕多翻、打碎耙平、施足基肥的原则。耕地的深度根据品种而定。

播种方式按品种型号而定：大个型品种多采用穴播，每亩用种量为0.5千克，行距、株距可为20～30厘米；中个型品种多采用条播方式，每亩用种量为0.75～1.0千克，行距、株距可为15～20厘米；小个型品种可用条播或撒播方式，每亩用种量为1.5～2.0千克，行距、株距可为8～10厘米。播种时有先浇水播种后盖土和先播种盖土后再浇水两种方式。平畦撒播多采用前者，适合寒冷季节；高垄条播或穴播多采用后者，适合高温季节。

(四)田间管理

1. 间苗、定苗

萝卜不宜移栽，也无法补苗。幼苗出土后生长迅速，要及时间苗，过晚则幼苗拥挤，下胚轴伸长，宜倒伏，易使肉质根长弯，间苗时去除弱苗、杂苗、畸形苗。一般间苗2～3次：第一次间苗在子叶充分展开时进行，当萝卜有2～3片真叶时，开始第二次间苗，当有5～6片真叶时，肉质根破肚时，按规定的株距进行定苗。可结合间苗进行中耕除草，要先浅后深，避免伤根。第一、第二次间苗要浅耕，锄松表土，最后一次深耕，将反畦沟的土壤培于畦面，以防止倒苗。

2. 中耕、除草、培土

及时中耕除草2～3次，使土壤保持疏松状态，促进幼苗根系生长，当第二个叶环的叶子多数展出后，再浅中耕1～2次，并在封垄前进行培土。

3. 肥水管理

播种后若天气干旱，要充分灌水，土壤有效含水量宜在80％以上，北方干旱年份，夏秋萝卜采取“三水齐苗”，即播后一水，拱土一水，齐苗一水，以防止高温发生病毒病。出苗前后若天气多雨成涝，则应及时排水防涝。幼苗期量较少，叶片生长盛期需要水分比苗期多，土壤含水量为田间最大持水量的70%～80%为宜，后期需适当控制水分蹲苗，防止叶部徒长。萝卜肉质根生长盛期，对水分需求量增加，应经常保持土壤湿润，直至收获，浇水要均匀，防止土壤忽干忽湿，造成裂根。

结合整地，施入基肥，基肥量应占总肥量的70%以上。根据土壤肥力和生长状况确定追肥时间，一般在苗期、叶生长期和肉质根生长盛期分次进行。苗期、叶生长盛期以追施氮肥为主，施入氮磷钾复混肥15千克/亩；肉质根生长盛期应多施磷钾肥，施入氮磷钾复混肥30千克/亩。收获前20天内不应使用速效氮肥。

(五)病虫害防治

通过选用抗(耐)病优良品种；合理布局，实行轮作倒茬，提倡与高秆作物套种，清洁田园，加强中耕除草，降低病虫源数量。合理混用、轮换、交替用药，防止和推迟病虫害抗药性的产生。

1. 萝卜霜霉病

发病初期喷洒杜邦克露600倍液，或用75%百菌清可湿性粉剂500倍液，或用72.2%普力克水剂600～800倍液，或用64%杀毒矾可湿性粉剂500倍液。发病严重时可用杜邦克露800倍液与抑快净2 000倍液混合使用。

2. 萝卜黑腐病

一是种子处理，60℃干热灭菌6小时，或用种子重量0.4%的50%琥胶肥酸铜可湿性粉剂拌种，用清水冲洗晾干播种，也可用种子重量0.4%的50%福美双可湿性粉剂或5%甲霜灵拌种剂拌种。二是土壤处理，播种前每平方米穴施50%福美双可湿性粉剂750克。方法是取上述杀菌剂750克，对水10千克，拌入100千克细土后撒入穴中。三是发病初期开始喷洒72%农用硫酸链霉素可湿性粉剂3 000～4 000倍液，或用14%络氨铜水剂 300 倍液，或用 65%代森锌可湿性粉剂 500 倍液，隔 7～10 天 1 次，连续防治 3～4 次。

3. 萝卜软腐病

一是拌种，用种子重量的 1～1.5%的农抗 751 拌种，也可在播种时，将丰灵置于萝卜周围，使其在根围形成群落，拮抗软腐病菌。二是用农抗 751 或丰灵喷淋，苗期用浓度为 150 毫克/千克的农抗 751 喷淋或浇灌 2～3 次；或用丰灵 50 克对水 50 千克，沿菜根侧挖穴灌入或喷淋。三是于发病初期喷洒 72%农用硫酸链霉素可湿性粉剂 3 000～4 000 倍液，或用 14%络氨铜水剂 300～350 倍液，隔 10 天左右 1 次，防治 1～2 次。

4. 萝卜地种蝇

成虫发生期可喷 50%辛硫磷乳油 800～1 000 倍液，或用 2.5%敌杀死乳油 8 000～1 000 倍液，或用灭杀毙(21%增效氰・马乳油)6 000 倍液、10%溴氰菊酯 3 000 倍液等喷洒，7 天 1 次，共喷 2～3 次。已发生地蛆的菜田可用 90%敌百虫 800～1 000倍液，或用 50%辛硫磷乳油 1 000 倍液灌根，或用 1.5%苦参・氰乳油 1 000 倍液灌根杀地蛆。

5. 菜青虫

消灭幼虫在 3 龄前。可喷洒 50%辛硫磷乳油 800～1 000 倍液(以傍晚喷药效果最好)，2.5%功夫乳油 4 000 倍液，2.5%敌杀死乳油 8 000～10 000 倍液，2.5%溴氰菊酯乳油 3 000 倍液，21%灭杀毙(增效氰・马乳油)4 000 倍液防治，7 天喷药 1 次，共 3～4 次。也可用生物药剂防治，用每克含活孢子 100 亿以上的 7216 青虫菌菌粉或苏云金杆菌(Bt)乳剂 500～800 倍液，喷雾。

(六)采收

当叶色淡，地下茎充分膨大后及时采收。进冷库预冷(2～

4℃)10小时左右,装车保温运输上市。

二、塑料薄膜大棚萝卜栽培技术

(一)品种选择

大棚萝卜栽培一般选白玉春。该萝卜品种生长旺盛,叶片少,根膨大快,不易抽薹。根长圆筒形,根形美观,根皮光滑洁白,肉质清甜,口感好。单个重1.2~1.8千克,不易糠心,极少发生歧根、裂根。早熟,播种至初收只需60天,每亩产量5 000千克以上,抗性强,品质佳,商品性好,是反季节蔬菜栽培的理想品种之一。

(二)整地施肥

要求土层深厚,土质疏松,有机质含量高,排水良好,无污染。翻耕前每亩施充分腐熟的农家肥2 000千克以上,9月中、下旬至10月上旬翻耕后晒垡2~3天,每亩施三元复合肥75千克作基肥,再翻耕1次。畦面要整平整细,畦宽2米。然后进行土壤消毒杀菌和地下害虫的防治。杀菌药剂选用50%多菌灵600倍液或70%甲基托布津800~1 000倍液喷雾,杀虫药剂可选用48%乐斯本乳油800~1 000倍液喷雾。

(三)分期播种

春节期间上市,播种期为9月中、下旬;春节后上市,播种期为10月中、下旬。播种前充分晒种,每亩播种量0.15千克。播种方式采用打穴点播,株行距25厘米×30厘米,每亩密度为8 000穴。每穴播2~3粒种子,然后盖上腐熟土杂肥,浇足水。播后苗前每亩用90%禾耐斯50毫克对水50千克土壤处理以控制草害。

(四)田间管理

(1)定苗。播种后4~6天开始出苗,长出2~3片真叶后开始间苗。间苗后每穴定苗1株,每亩栽苗8 000株左右。

(2)扣棚及管理。白玉春萝卜在江淮之间较适宜的扣棚时间为11月中、下旬。当日平均气温降至10℃以下时开始覆膜。该品种较耐低温,扣棚后遇晴好天气,白天揭膜放风,遇冷空气或阴雨天,盖上薄膜。元旦前多放风,元旦后气温较低,应少放风或不放风,棚内温度保持在10～20℃。

(3)肥水管理。棚内相对湿度保持在70%以下。在6～8叶期,追肥1次,每亩用尿素15千克对水浇施。少量杂草可人工拔除。

三、日光温室萝卜栽培技术

(一)整地、施肥、作畦

温室栽培的萝卜宜选择土层深厚、排水良好、土质肥沃的沙壤土。整地要求深耕、晒土、细致、施肥均匀。目的是促进土壤中有效养分和有益微生物的增加,同时有利于蓄水保肥。一般每亩施腐熟有机肥4 000～5 000千克、磷酸二铵40千克,进行30～40厘米深耕,整细耙平,然后按80厘米宽、30厘米深做高畦备用。

(二)播种

温室萝卜播期一般在11月下旬至12月上旬,选择籽粒饱满的种子在做好的畦面上双行播种,每穴2～3粒种子,覆土1厘米厚,按行距40厘米、株距25厘米在畦面上点播。

(三)苗期管理

萝卜出土后,子叶展平,幼苗即进行旺盛生长,应掌握及早间苗、适时定苗的原则,以保证苗齐、苗壮。第一次间苗在子叶展开时,3 片真叶长出后即可定苗。

(四)田间管理

1. 水肥管理

萝卜定苗后破肚前浇 1 次小水,以促进根系发育;进入莲座期后,叶片迅速生长,肉质根逐渐膨大,应立刻浇水施肥,每亩冲施硫酸铵 20～25 千克。萝卜露肩后结合浇水,每亩冲施三元复合肥 30～35 千克,此时是根部迅速膨大期,应保持供水均匀,土壤含水量保持在 70%～80%。浇水要小水勤浇,防止一次浇水过大,地上部徒长。

2. 其他管理

温室萝卜浇水后要及时放风,能有效降低棚内湿度,防止病虫害发生。中耕松土宜先深后浅,全生育期 3～4 次,保持土壤通透性并能有效防止土壤板结。另外,生长初期需培土壅根,使其直立生长,以免产品弯曲,降低商品性。生长中后期要经常摘除老黄叶,以利于通风透光,同时加强放风,有条件情况下进行挖心处理。

第二节　胡萝卜栽培技术

一、春播胡萝卜无公害生产技术

胡萝卜最适宜的生长条件是秋季冷凉的气候,但为了解决 6—7 月鲜胡萝卜供应问题,满足市场需求,也可将胡萝卜进行反季节栽培,即春种夏收。虽然春季栽培有一定的技术难题,但经济效益较高。

(一)选地施肥

选择适宜土壤是胡萝卜丰产的基础,胡萝卜是深根性蔬菜,要选择富含腐殖质、土层深厚、土壤肥沃、灌排水良好、通透性好的沙壤土或壤土，pH 值为 6.5 左右，对幼苗出土、生长发育及肉质根的膨大十分有利。胡萝卜生长期短，要结合整地撒施充分腐熟、捣碎的有机肥和磷、钾肥作基肥。播前深耕细耙，施足基肥，亩施圈肥 4 000～5 000 千克、过磷酸钙 20～25 千克、硫酸钾 25～30 千克，撒匀，耕翻 25 厘米左右。

（二）选用良种

（1）根据不同气候条件与播种季节选择适宜品种。春播宜选耐抽薹、冬性较强的早熟品种，并且要根据当地市场消费特点，选择市场消费者对路的中早熟品种。一般宜选用果皮、果肉及中心柱全红的品种。目前较好的品种如日本黑田五寸、改良黑田五寸、广岛、映山红和韩国五寸等，还有我国传统农家品种小顶红、扎地红等地方胡萝卜品种。

（2）胡萝卜由于种子形成与构造原因，种子发芽率只有 60%～70%，如果发芽条件差或用陈种子，发芽率更低。新种子一般亩用种 0.75～1.0 千克。

（三）种子处理

胡萝卜多干籽直播，但早春小拱棚播种，气温、地温都低，不利于种子发芽和出土。为了保证胡萝卜出苗整齐和幼苗茁壮，可采用浸种催芽后再播种，可提早出苗 5～6 天，且增产显著。方法是：播种前搓去种子上的刺毛，将种子放在 30～40℃ 温水中，浸泡 12 小时，捞出后用湿布包好，置于 25～30℃ 下催芽，每天早晚用清水冲洗一次，保持种子湿润和温湿度均匀，3～4 天待大部分种子露白后，即可播种，发芽率高的种子一般亩用种量 300 克。

（四）播种扣棚

播种方式有平畦条播和高垄条播 2 种。畦播是传统方法，多用于分散的小面积种植。其缺点是根际土壤因多次浇水而变得紧实，透气和持水能力下降，不利于肉质根发育。由于春季干旱少雨，播种时可做平畦开沟撒播，平均畦宽 2 米，净畦面宽 1.8 厘米左右，可播种 8～10 行，沟深约 2 厘米。播后覆土，耙平镇压，使种子与土壤紧密结合。然后浇水，水渗后贴畦面覆盖地膜，外面架设小拱棚。

垄播是一种便于灌水、排水且能保持根际土壤疏松、适合大面积种植采用的改良方式。方法是：起垄宽 45～50 厘米、高 10～15 厘米、垄距 65～70 厘米，垄上开浅沟条播 2 行，种后有灌溉条件的地浇一二水可出苗，无灌溉条件的在土壤潮湿时播种，播种后用碾子压平土壤可促进出苗。

（五）温度管理

播种后出苗前，棚内温度可控制在 28～30℃，白天应尽量提高棚内温度。一般播后 20 天左右出苗，出苗前及时撤去地膜，出苗后视天气情况适当放风，降低棚内温度和湿度，白天 20～25℃，夜晚气温、地温尚低，密闭风口，以保温为主。

（六）田间管理

1. 除草

胡萝卜喜光，故除草、间苗宜早进行。及时喷洒除草剂防止大面积栽培形成草荒。每亩用 750～1 000 克 25%除草醚，先用少量水溶解，再用 100～200 倍水稀释，选择晴天在播后出苗前喷地面，对一年生杂草除草率达 90%；或者苗后 2 片真叶时，每亩用扑草净 100 克加拿扑净 100 毫升对水 50 千克喷洒；也可以只施用扑草净，在胡萝卜播后苗前或 1～2 片真叶时，每亩用 50%的扑草净可湿性粉剂 100 克对水 60 千克，喷雾处理，其对单子叶杂草防效达 100%，对双子叶杂草防效为 98%，对胡萝卜幼苗生长的抑制率仅 1%。施用时一定要掌握好浓度，不可过量。

2. 间、定苗

一般出苗后20天左右，选晴好天气，午后开棚进行间苗，将过密苗、劣苗及杂苗拔除。第1次在1～2片真叶时进行，结合浅耕除草，苗距3～4厘米，第2次在5～6片真叶时进行，苗距10～12厘米。

3. 肥水管理

播种后浇透水，幼苗期基本不浇水，进行蹲苗，防止徒长。撤棚后开始浇第一水，并随水每亩施尿素10千克。胡萝卜肉质根手指粗时(进入膨大期)是对水分、养分需求最多的时期，应及时浇水，保持地皮见湿见干，生长期浇水10余次，并结合浇水追施尿素和硫酸钾2～3次，每次施尿素15～20千克/亩、硫酸钾5千克/亩。

4. 防止胡萝卜绿肩与抽薹

胡萝卜在肉质根膨大前期，约播后40天进行培土，使根没入土中，但不埋株心，可以防止胡萝卜肉质根肩部露出土表，受阳光照射变为绿色。在胡萝卜进入叶生长旺盛时期，应适当控制水肥用量，进行中耕蹲苗，以防叶部徒长，造成抽薹现象。若发生抽薹，应及时将薹摘除，防止肉质根木质化影响品质。

(七)收获

收获时期要适时，过早则根未充分长大，产量低，甜味淡，过迟则肉质根变粗变老，易发生糠心，品质变劣。一般春播胡萝卜在6月中旬至7月上旬期间可以收获，肉质根已充分膨大时，根据需要分批分期采收。收获前几天要灌一次水，待土壤不黏时，即可收获。气温上升到30℃，不仅抑制肉质根的膨大，还会影响胡萝卜的品质，所以应及时全部采收。

(八)储藏

收获后如果不能及时销售出去,可以选择较完整的肉质根进行储藏。储藏方法有多种:不太寒冷的地方,可以堆于室内,用稻草帘覆盖过冬;寒冷的地方可以窖藏,窖内保持0～1℃。储藏得当时,可以保存到第二年的4—5月。

二、秋栽胡萝卜标准化生产技术

(一)选地施肥

选择前茬作物腾地早,施肥量大,土壤养分消耗量少,并且前茬作物不与胡萝卜同科属的地块最好。在前茬作物收获后,应及时清理园田,深翻土层20厘米以上,纵横旋耕细耙两遍,把表土整细整平,再清一遍田间残根及杂草,进行晒土。结合深耕土壤,应施入基肥。基肥用量为:每亩施腐熟农家肥3 000千克、硫酸钾复合肥40～50千克、钙镁磷肥50千克、硫酸钾25千克。具体方法是把基肥均匀铺在地面上,然后把基肥翻入土壤中,要求均匀地埋入距表土6厘米以下土层,与土壤充分混合。畦宽110～130厘米,畦高30厘米,略呈龟背形。

对排水稍差、土壤质地较黏重的地块,可实行起垄栽培。起垄栽培有以下优点:雨水多时利于排水降湿,避免渍害;增加土壤透气性,能使胡萝卜优质高产,裂根减少。其栽培要点如下:先按25～30厘米的深度全层翻耕,再按15～20厘米的高度做平顶垄,垄沟宽20厘米。垄顶宽30厘米的种2行,垄顶宽40厘米的种3行。有机肥等基肥要埋于垄下。起垄后,在垄顶上按行距15厘米开播种沟,沟深2厘米。

秋季栽培还可采取多种套种方式,如低龄树林、低龄果园、葡萄园等套种胡萝卜,可利用高秆植物前期遮阴降温,利于出苗、齐苗，只要在9月底前后能保证胡萝卜有足够的光照，就同样可以获得高产。

(二)选用良种

选用适宜秋季栽培、产量高、生长势强栽培品种。

(三)播种期与播种

1. 播种期

胡萝卜栽培在民间有句俗语："七大八小九钉钉"。适期播种是夺取高产的关键。根据各地的气候特点，秋播胡萝卜适宜的播种期为7月中至8月中旬，一般以立秋前播种为宜。

2. 种子处理

用冷水浸种3～4小时，沥干后装入棉布袋中，在25℃下保湿催芽，有10%～20%的种子露白时即可播种。在催芽期间每隔12小时用冷水浸漂一次，以增加袋中氧气、防止有机酸、微生物等有害物的形成。

3. 播种方法与播种量

播种方法有条播和散播二种。秋栽胡萝卜播种出苗期时值高温干旱季节，气温不适合胡萝卜种子发芽和幼苗生长，成苗率较春季更低，因此播种量要适当提高。每亩播种量为250～300克。播后用遮阳网遮阴，要求遮阳网距地面1米左右(可在小弓棚上浮面覆盖)；也可用稻草或其他秸秆覆盖。对播后遮阴覆盖物不足的地块，播种量还需适当增加。

4. 适期播种

播种时将已有10%～20%露白的种子均匀地伴入适量细土中，再进行播种。播种方法同春季栽培。

秋季栽培成败的关键是齐苗问题，因此在播种时要注意以下几个事项：①将播种时间好安排在每天的早晨或下午四点钟之后进行。②播种后必须浇足水分，墒情差、排灌方便的地块可进行灌水。③覆土要均匀，不能露籽。④播后畦面必需覆盖稻麦等秸秆物，并将覆盖物淋湿。⑤每平方米有40～50株的小苗出土后，要及时于傍晚时分揭除覆盖物。⑥播种后出苗前，如遇干旱天气，墒情较差时，需于清晨淋水，也可于傍晚淋水，出苗前必须保持土壤湿润。此外，除草剂的合理使用也是一项重要环节，要求每亩喷施150～200毫升50%丁草胺除草剂700倍液，于播种覆土后进行(喷药时畦面土壤必须保持湿润，以利于药膜层的形成，有效发挥除草剂的作用)。

(四)田间管理

1. 间苗与除草

4～5叶期进行间苗，每平方米定苗60株(条播行距15厘米，株距11～12厘米)。如单子叶杂草较多，每亩用10.8%盖草能20毫升对水20千克喷雾，进行化学除草。

2. 肥水管理

胡萝卜出苗后，去除了覆盖物，遇高温干旱天气，易缺水而影响幼苗正常生长，需在清晨或傍晚时分淋水(或沟中灌水)润土保墒，使土壤维持在田间最大持水量的70%水平；4叶期结合浇水每亩追施硫酸钾复合肥15千克。再经20天左右，在7～8叶期结合浇水每亩追施硫酸钾复合肥10千克、硫酸钾5千克[对水比例为1∶(100～200)，即0.5%～1%浓度]；如遇地上部分生长过盛，仅追施硫酸钾，同时，喷施浓度为100毫克/千克的多效唑1～2次，间隔时间10天。遇大雨需及时开沟排水，防止积水。

3. 培土

保鲜出口的胡萝卜，表皮色泽要一致，不能有“青头”，需采用条播方式，以方便在肉质根膨大期进行培土。

4. 肥水管理

从播种到出苗一般连续浇 2～3 次水，经常保持土壤湿润。土壤湿度维持在 65%～80%为宜，利于种子发芽。幼苗期浇水。应适当控制，以土壤保持见湿见干为原则。叶部生长期浇水。应适当控制浇水，进行中耕培土蹲苗。追肥与中耕培土：从定棵到收获一般追肥 2～3 次，至封垄前施完。

(五)病虫害防治

胡萝卜病虫害较少，只要掌握好密度、肥力，并采取适当的轮作，秋季一般不会发生重大病害。

(六)采收

秋栽胡萝卜全生育期为 110 天左右。采收期弹性较大，生产者可根据具体情况来制订采收计划。

第四章　叶菜类设施蔬菜栽培与病害防治

第一节　芹菜栽培技术

一、产地环境

生产基地的选择是进行无公害蔬菜生产的最关键环节。因此，要选择远离“三废”污染的工厂地区，避开污染源的下风口或河流下游方向。基地的土壤、灌溉用水、空气等环境条件必须符合 GB/T 18407.1—2001 的规定。此外，栽培田要求地势平坦、土壤结构适宜、排灌方便通畅。前茬为未种过芹菜的地块。

二、栽培技术

1. 育苗技术

(1)品种选择。选用高产优质、抗病、耐寒、耐贮、适应性广、商品性好的芹菜品种。

(2)浸种、催芽。播种前要筛去种子杂质，提高种子净度。筛选后平摊在席上晾晒 1 天，将种子去潮晒干即可。每亩用种量 75～100 克。

催芽前先用 10%盐水浸泡 10 分钟左右，去掉瘪籽、杂质，用清水冲洗干净。将选出来的种子用 48℃热水浸种，并不断搅拌到水温 30℃，保持 30 分钟，后放入冷水中浸泡 24 小时，中间搓洗 3 遍，然后将浸泡过的种子沥干水分，用纱布包好，置于

15～20℃条件下催芽。每天要翻动2～3次，种子偏干要用水投洗。当有一半以上种子露白时即可播种。

（3）营养土配制与消毒。育苗土要用近几年未种过芹菜的肥沃菜园土5份，充分腐熟的优质农家肥4份，炉灰或细沙1份，每立方米再加三元复合肥2千克混合过筛。或用干净的园田土1/3加上腐熟马粪2/3，每立方米加尿素1千克或磷酸二铵0.7千克混合过筛。另外，做成药土，播种时用药土进行“下铺上盖”。即：用50%多菌灵可湿性粉剂与50%福美双可湿性粉剂按1∶1混合或25%甲霜灵可湿性粉剂与70%代森锰锌可湿性粉剂按9∶1混合，按每平方米用药8～10克与4～5千克过筛细土混合，播种时将2/3药土铺在床面，1/3覆盖种子。

（4）播种。播种前灌足底水，待水渗下后，将种子与细沙土掺匀，均匀撒播。播种后立即覆上药土，撒土厚度以能盖上种子为宜。

（5）苗期管理。除草，播种后2～3天内，每亩用25%的除草醚乳油500克加水30～50千克，或用48%氟乐灵乳油每亩100～150克加水均匀喷畦面。水肥管理，幼苗期，早晨或傍晚各喷洒1次水，2～3片叶后，可往畦中灌水，保持土壤见干见湿。遇到连雨天，及时排出积水，雨后暴晴必须喷浇井水降温。幼苗长到4～5片叶时，要注意控水。芹菜苗期不追肥。如长势弱，缺肥时，在4～5片叶时追肥1次。随水追施尿素每亩5千克，或叶面喷施0.2%的尿素溶液。芹菜苗龄为40～50天，5～6叶时定植。

2. 定植

（1）定植前准备。定植前清理前茬杂物，每亩畦面撒施充分腐熟的有机肥4 000～5 000千克，硫酸钾10千克，磷酸二铵14千克或过磷酸钙35千克，缺硼的地块施硼砂0.5～1千克。深翻30厘米后作畦，畦宽1～1.2米，长度根据温室和大棚的跨度决定。

(2)定植。温室定植期为9月中下旬,大棚定植期为8月中下旬。定植前一天将苗床适量灌水,第二天带根带土起苗,淘汰病虫为害苗和弱苗,并将大小苗分别定植。单株定植,西芹株行距为10厘米×25厘米。本地芹菜株行距10厘米×15厘米。定植后立即浇定植水。

3. 定植后的管理

(1)水肥管理。定植3天后浇一次缓苗水,待表土干湿适宜时,及时中耕松土,进行蹲苗。当心叶变绿,结束蹲苗,结合浇水追肥,每亩施尿素10千克和硫酸钾20千克,15～20天后当株高长到25厘米左右时,每亩再次追施尿素10千克。扣膜以后,再结合浇水每亩追施尿素15千克和硫酸钾10千克。以后随着温度的降低控制灌水量,采收前10天停止浇水、施肥。

(2)温度管理。定植初期间隔扣遮阳网10～15天,10月下旬开始扣膜。扣膜后10天内可放底风,定植时把前底脚围裙揭开,在后墙或后坡开放风口,昼夜放对流风。随外界气温下降,先把后部风口封闭,前底脚继续放风。当外界出现霜冻时,夜间放下围裙,白天进行放风,白天棚内温度保持在15～20℃,夜间10～18℃,最低为5～8℃。即使遇到连阴天,也要坚持短时间通风换气,降低棚内湿度。当夜温低于5℃时,大约在11月上旬,夜间关闭风道。外界气温0℃以下时,棚外要围盖草苫,加强保温。

三、病害防治

常见病害主要有斑枯病、软腐病、早疫病、菌核病等。斑枯病用3%农抗120水剂100倍液、75%百菌清可湿性粉剂600倍液、70%甲基托布津可湿性粉剂800倍液等防治;软腐病在发病初期喷洒72%农用链霉素、新植霉素3 000～4 000倍液、14%

络氨铜水剂 300 倍液喷雾防治；早疫病用 77%可杀得 500 倍液、3%农抗 120 水剂 100 倍液、50%多菌灵可湿性粉剂 500 倍液等防治；菌核病用 50%速克灵可湿性粉剂 1 500 倍液、50%农利灵 1 000 倍液、50%菌核净 1 000 倍液喷雾防治。7～10 天施药 1 次，连续用药 2～3 次。

农业措施：播种前清除病残体，深翻整地减少菌源，重病地实行 2～3 年轮作；培育壮苗，合理密植，合理浇水，避免大水漫灌，露地栽培雨后及时排水，控制田间湿度，减轻病害发生；保护地注意控制温湿度，白天温度控制在 15～20℃，高于 20℃要及时放风，夜间控制在 10～15℃；发病初期摘除病叶及底部失去功能的老叶，带出田外深埋；施足底肥，勿偏施氮肥，要增施磷、钾肥，合理追施叶面肥，增强芹菜抗病能力。

四、采收

芹菜定植后 60 天左右，株高达到 40 厘米以上，即达到采收标准。根据下茬的需要或市场行情采收，但也要考虑种植品种生长期的要求，否则造成产量和品质下降。采收要在上午 9 点到 10 点进行。留根 2 厘米左右，抖掉泥土，整理后扎捆。

第二节　韭菜栽培技术

一、韭菜无公害栽培技术

（一）地块选择

选择排灌方便、通透性强、土壤肥沃、有机质含量高的地块。

（二）品种选择

选择抗寒、抗病能力强、耐热、分株力强、品质好的品种。

(三)播种

1. 播种方法

可干籽直播(春播为主),也可催芽播种。催芽方法:用40℃温水浸种12小时,除去秕籽杂质,用湿布包好放在16～20℃条件下催芽,每天冲洗1～2次,60%露白即可。

2. 整地作畦施肥

播前需翻地,结合施肥,耕深30厘米,耙细作畦。基肥以优质有机肥、化肥、复合肥等为主,亩施优质土杂肥(以优质腐熟厩肥为主)5 000千克,尿素6.6千克,过磷酸钙60千克或磷酸二铵13千克、硫酸钾12千克。

3. 播种及播后管理

顺沟浇水,水下渗后,将种子混2～3倍沙子撒在沟畦内,覆盖细土1.6～2.0厘米,播后用的除草通,药液喷施,喷后盖地膜,待70%幼苗顶土时撤除薄膜。

(四)出苗后管理

(1)从齐苗至苗高16厘米,7～10天浇一小水,16厘米以后,结合浇水每亩追尿素6.6千克。

(2)每次浇水后,用锄轻松垄帮,此时宜浅不宜深,以利紧撮固根。

(3)追肥应亩追腐熟鸡粪2 000～3 000千克,磷酸二铵40千克,硫酸钾30千克。追肥时,宜开沟追施,追完后浇水1次。

(五)棚室生产阶段管理

1. 施肥搭棚

10月上旬割去韭菜老秧,并施底肥,每亩施农家肥5 000千克,磷酸二铵25千克,尿素15千克,然后放水1次,结合灌水加辛硫磷 1 千克防治地下害虫。4～5 天后扣膜，扣膜后，再一次性搭建3～5 层小拱棚。搭建棚后至撤棚之前不再浇水。

2. 温度管理

棚内温度白天应保持在 20～24℃，夜晚在 12～14℃。温度过高时可加大通风口放风。

(六)收割

1. 收割时间

一般鲜韭菜 11 月中下旬可收获上市，割韭 1 次追施氮肥 4 千克/亩。每隔 25～30 天收割 1 次，连收 3 茬。每次收割后，锄草松土埋茬，保持田面清洁。

2. 注意事项

(1)每年收割茬次要适宜。

(2)刀口要浅。俗话说：刀抬高地一寸，等于上茬粪。多留一些根茬是对下刀丰产打下一个基础，但准备重栽下茬的可深些。

(3)刀刃要快，刀发钝易拉伤韭根。

(4)收割时间应在晴天的早上或上午进行。

(5)收割后及时用耙子把残叶杂物清除。

(6)收割后不允许浇水，应在刀口愈合后浇水。

(7)韭菜最好一刀都收干净，否则留下部分易受病害，对下刀来说是一个传染源。

(七)棚室后期管理

上茬收割后，当韭菜长到 10 厘米高时，逐渐加大通风量，5 月初撤掉棚膜，然后灌水追肥防虫，视地灌水 1～3 次，结合灌水追施尿素 15 千克/亩，灌溉时每亩加 1 千克辛硫磷乳液根防治韭蛆及地下害虫。7 月开始收韭薹，每 3 天打薹 1 次，韭苔收后不管理，直至扣棚前。

(八)病虫害防治

1. 病害的防治

灰霉病:用10%腐霉利烟剂0.25~0.3千克/亩,分散点燃,关闭棚室,熏蒸1夜,或用6.5%多菌灵霉威粉尘剂,7天喷1次。

疫病:用55%百菌清粉尘剂,用药1千克/亩,7天喷1次,或发病初期用72%霜霉威水剂800倍液灌根或喷雾,10天喷(灌)1次,交叉使用2~3次。

锈病:发病初期,用16%三唑酮可湿性粉剂1 600倍液,10天喷1次,连喷2次。

2. 害虫的防治

韭蛆:选用40.80%毒死蜱乳油600毫升,或用辛硫磷与毒死蜱合剂(1+1)800毫升,稀释成100倍液灌根。

蓟马:在幼虫发生盛期,喷50%辛硫磷1 000倍液,或10%吡虫啉4 000倍液防治。

二、青韭小拱棚越冬生产技术

冬春季节利用塑料拱棚生产韭菜,具有周期短、投资少、效益高、栽培容易的特点,这种栽培方式已在河南省尉氏县推广多年,并逐渐摸索出一套无公害生产技术,每亩产量达3 000~4 000千克,亩产值可达7 000~8 000元。

(一)种植基地选择

应选择无土壤、水质和空气污染的区域建立生产基地,种植田要清洁卫生、土层深厚、地势平坦、排灌方便、土质疏松肥沃,前茬为非葱蒜类蔬菜。

(二)品种选择

应选用品质优良、抗病虫、抗寒、耐热、耐弱光、商品性好、高

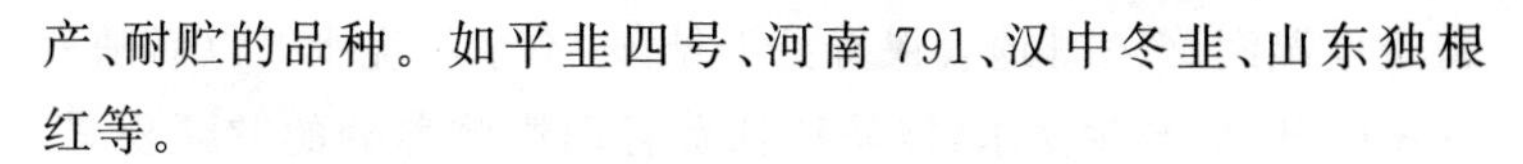

产、耐贮的品种。如平韭四号、河南791、汉中冬韭、山东独根红等。

(三)整地施肥

每亩施优质农家肥5 000千克或干鸡粪1 500千克、硫酸钾50千克。适当施入硫酸亚铁、硫酸锌、硫酸锰等微肥。施肥后深耕细耙,做成宽3米的平畦。

(四)播种及苗期管理

露地3月下旬至4月上旬播种。利用小拱棚播种育苗,可提早到2月中下旬至3月上旬。采用新籽,每亩播种量为3.5~4.0千克。可用干籽直播,也可浸种催芽后播种。方法是:用30~40℃的温水浸泡20~24小时,除去秕籽和杂质,淘洗干净后用湿布包好,放在16~20℃的条件下催芽,每天用清水冲洗1~2次,待60%种子露白时即可播种。采用开沟条播法,在畦内按行距20~25厘米开播种沟,沟宽4~6厘米,深2~3厘米,沟底面平整,播种后立即覆土,厚度为1.0~1.5厘米,浇足播种水,待水渗下后喷施除草剂,可用33%除草通100~150克/亩,对水50千克,之后覆盖地膜保湿。当30%以上种子出苗后撤除地膜,幼苗出土后,7~8天浇1次水,使地表经常保持湿润状态。当苗高18厘米左右时,适当控水蹲苗,促根控叶,防止植株倒伏。苗期浇水需轻浇、勤浇,结合浇水追1次肥,每亩顺水冲施硫酸钾复合肥10~15千克或尿素10千克,或腐熟人粪尿2 000千克。

(五)露地生长阶段管理

(1)水分管理。入夏后气温逐渐升高,降水量增多,不适于韭菜生长,一般生长量很小,应适量浇水,任其自然生长。雨后浇井水降低地温,防止积水烂根,注意中耕除草。进入9月为韭菜生长的适宜时期,需水量增大,应7~10天浇1次水,经常保持土壤湿润。10 月地表保持见干见湿，不旱不浇水。以后随着气温降低，应减少浇水，以防植株贪青而影响养分的贮藏积累，不利于越冬生长。

(2)追肥管理。入秋后，结合浇水，分别于 8 月上中旬和 9 月下旬进行两次重追肥。第 1 次每亩追施尿素 15～20 千克，趁雨天撒施。第 2 次每亩追施硫酸钾复合肥 25 千克或追施腐熟人粪尿2 000千克，或腐熟饼肥、烘干鸡粪 200～250 千克。

(3)其他管理。8—10 月韭菜抽薹开花后要及时采收花薹，以利植株生长、分蘖和养分的积累。对于旺长植株，为防止倒伏，可采用棉花秆、树枝或顺行两端拉线等方法设立支架。倒伏现象严重的植株也可将上部叶片割掉 1/3～1/2，以减轻地上部重量，使其自然恢复直立。

(六)拱棚越冬生长阶段管理

1. 扣棚

立冬前后割去并清除地上部枯叶，用 50％多菌灵 500 倍液喷雾消毒，并用 80％敌百虫或毒斯本和 50％速克灵可湿性粉剂或三唑酮乳油 800～1 000 倍液顺垄喷灌根部，以防韭蛆和灰霉病。在韭菜垄间开沟追肥或收割后普施追肥，每亩施细碎有机肥 1 000～2 000 千克或干鸡粪 300～500 千克、硫酸钾三元复合肥 50 千克，适量追施硫酸亚铁、硫酸锌、硫酸锰等微肥。施肥后浇 1 次透水，待水渗下后，在垄上撒一层 1～2 厘米厚的细沙。立冬前后扣棚，拱棚宽 3 米，高 1.0～1.2 米，长 50～70 米，东西走向。拱杆采用宽 5 厘米的竹片，拱间距为 50～60 厘米，用木棍做支柱，拱顶及两端用铁丝相连。覆膜后每隔 1.5～2.0 米用一道压膜线紧压，覆盖草苫，北侧用玉米秸设立风障。

2. 扣棚后的温、湿度管理

扣棚初期一般不揭膜放风，白天保持 28～30℃，夜间 10～

12℃。韭菜萌发后，棚温白天控制在15～24℃，不超过25℃，夜间10～12℃，不低于5℃，超过25℃注意放风排湿，空气相对湿度保持在60%～70%。若气温降低，夜晚覆盖草苫。每一刀韭菜收割前5～7天要降低棚温，使叶片增厚，叶色深绿，提高商品质量。收割后棚温可提高2～3℃，以促进新芽萌发。以后各刀生长期间，控制的上限均可比前一刀高2～3℃，但不超过30℃。昼夜温差控制在10～15℃。

3. 扣棚后的肥水管理

一般头刀韭菜生长期间不需追肥浇水，防止降低地温和增加空气湿度，避免叶片发黄、干尖和发病。第2刀浇水应在头刀韭菜收割后7～10天浇1次水，韭菜长至10～15厘米时再浇1次。第3刀韭菜水分管理同第2刀。扣棚后每次浇水量要小，忌大水漫灌。结合浇水每亩顺水冲施硫酸钾复合肥10～15千克。收割前结合喷药适当喷洒叶面肥和生长素，促进植株旺盛生长。

(七)收割

一年生根株，收割2～3茬，二年生以上的根株，可收割3～4茬。韭菜根株可连续生产3～5年。韭菜以7叶1心为收割标准，清晨收割最好，以割到鳞茎上3～4厘米黄色叶鞘处为宜，两刀间隔30～35天，边割边捆成把边装筐，保持韭菜的新鲜，并做到净菜上市。

三、日光温室韭菜生产技术

山东寿光市菜农利用日光温室生产无公害韭菜，投资少、效益高，产品很受市场欢迎。

(一)品种选择

一般选用寿光独根红、汉中冬韭等品种。这些品种休眠期适中、品质好、叶宽、直立性强、生长旺盛、耐寒性强，低温下生长速度较快，扣棚后第1～2刀产量比较高，适合覆盖栽培。

(二)根株培养

日光温室韭菜栽培，其根株培养是高产稳产的关键。一般采用育苗移栽养根。

(1)整地作畦，适期播种。每亩施充分腐熟的有机肥5 000千克、氮磷钾复合肥40千克。精细整地，使土壤与肥料充分混合，然后作畦。4月上旬播种，每平方米播种量10～15克，方法是：将种子均匀撒于畦面，覆细土0.5～1.0厘米，之后用脚踩1遍，以使种子与土壤密切接触。幼苗出土前保持土壤湿润，以利出苗。幼苗期加强管理，及时除草，当株高达15～20厘米时即可移栽。

(2)移栽及田间管理。结合整地每亩施充分腐熟的优质圈粪5 000千克、氮、磷、钾复合肥100千克，做成垄畦或平畦。为使韭菜根系分布均匀，利于分蘖，垄栽时最好栽成小长条，而不栽成撮，垄距33厘米，一垄栽2行，小行距7厘米，埯距10厘米，每埯10株。畦栽行距13～20厘米，埯距10～12厘米，每埯6～8株。栽植深度以不超过叶鞘为宜。定植后的管理以促进缓苗为主。立秋后是最适宜韭菜生长的旺盛季节，也是肥水管理的关键时期。此期应加强肥水管理，每隔5～7天浇1次水，结合浇水，追施速效性氮肥2～3次，每亩施尿素10千克促进植株生长，为根茎的膨大和根系的生长奠定物质基础，产量的高低主要取决于冬前植株物质积累的多少。

(三)冬春季管理

(1)扣棚。11月中下旬扣棚。扣棚前清除枯叶杂草，并在土壤封冻前浇好冻水。扣棚后加强保温、加盖草帘等。

(2)温度管理。初期温度不能过高，应该逐步升高，通过中耕培土提高地温和增加假茎高度。白天温室控制在18～28℃，夜间8～12℃，最低不能低于5℃。韭菜在高温、高湿的环境条件下易徒长烂尖，诱发灰霉病的发生，超过27℃必须放风排湿，在温度管理上要防止温差过大。

(3)湿度管理。通风换气是调节室内温湿度，排除有害气体，以利韭菜生长的重要措施之一，还可以提高韭菜品质，减少病害发生。头刀韭菜收获前4～5天适当通风，收割后闷棚升温，利于韭菜伤口愈合。韭叶长至9～12厘米时，超过27℃就要通风，每次浇水后要适时通风，使空气相对湿度控制在80%以下，防止灰霉病发生。

(4)水分管理。塑料温室保湿性强，一般割头刀韭菜前不浇水，待2刀收割前4～5天浇水，水量根据棚内温度而定，温度高水量可大些，反之要小些，浇水要在晴天上午进行。

(5)施肥。头刀韭菜收获后，每次浇水时追1次化肥，每亩施氮、磷、钾复合肥10千克，追肥后要及时放风，排除氨气，以免韭叶脱水烂尖。为防止韭菜硝酸盐污染，一般不追施含硝态氮的肥料，每次割韭前15～20天停止浇水施肥。

第三节　大葱栽培技术

一、大葱标准化生产技术

(一)选地施肥

选择质地疏松，肥力较高，土层深厚，蓄水保墒能力较强的中性土地，近3年未种过葱蒜类的无病虫害的地块。一般亩施有机肥5 000千克以及，碳酸氢铵和过磷酸钙各50千克。深耕30厘米以上，将肥料一次翻入土中，耕后多耙，使土壤达到精细平整。

(二)育苗

1. 育苗场地的选择

育苗地应选择在背风、向阳、空气新鲜、交通便利、肥力较高而无污染的地块。

2. 选种

要选择适宜本地生长,符合市场需求,抗逆性强的优良品种,如章丘大葱、中华巨葱。

3. 种子处理

播前将种子放入55℃左右的温水中浸泡15～20分钟,边浸泡边搅动降温至25～30℃后继续浸4～6天,然后捞出,再放到25%高锰酸钾溶液中浸种20～30分钟,用清水洗净后进行催芽。

4. 播种

上年白露至秋分将苗床浇水,下渗后可将已发芽70%以上的种子均匀地撒在床土上,随后覆土1厘米并加盖地膜。一般要求播新籽2～3千克,可供栽培4～5亩地的秧苗。

(三)适期定植

6月下旬至7月上旬夏收作物腾茬后定植。定植苗龄以苗高30～40厘米,直径1～1.5厘米为宜。前茬作物收获后立即平茬整地,每亩施充分腐熟有机肥(以鸡粪以主)5 000千克,过磷酸钙15～20千克,耕翻入土充分混合,整平后开沟。沟距70～80厘米,沟深20～30厘米,沟宽15～30厘米。沟内集中施入腐熟有机肥和过磷酸钙,再刨松沟底定植。亩定植1.5万～2万株。

(四)田间管理

1. 幼苗管理

大葱幼苗阶段以保温、保水、壮苗为中心，认真抓好苗床管理。一是要保持苗床温度在13～20℃；二是要适时进行床面喷水，始终保持床土湿润；三是齐苗后要揭去地膜，适当控水炼苗；四是结合浇水每亩追施尿素10千克；五是结合中耕进行锄草、间苗。

2. 定植田管理

定植后到立秋前为缓苗越夏期，因此要加强中耕保墒，雨后排水防涝；立秋到白露，进行肥水管理，趁雨后追肥，以迟效性肥料为主，每亩追施优质土杂肥3 000～4 000千克或饼肥50～100千克，配合施入磷钾肥，施后培土；白露到霜降进入葱白形成期，需在白露和秋分分别追肥，以速效性氮肥为主，每亩施硫酸铵10～15千克，草木灰50千克或喷施磷酸二氢钾2～3次，每次间隔5～7天。同时在此期间每15天左右培土1次，每次培土均以不埋没心叶为度，秋分以后进行最后1次培土。

(五)病虫害防治

1. 病害防治

大葱的主要病害包括苗期猝倒病和立枯病，以及紫斑病和霜霉病。用50%多菌灵可湿性粉剂600～700倍喷雾或土壤处理，可防猝倒病及立枯病；用64%噁霜锰锌可湿性粉剂500～700倍喷雾可防紫斑病和霜霉病。

2. 虫害防治

大葱的主要虫害有蓟马和葱蝇。可用80%敌敌畏乳油1 000～1 500倍喷雾，或用20%氰戊菊酯乳油2 000～3 000倍喷雾，交替使用。防治葱蓟马用2.5%的功夫乳油3 000倍液喷雾后 7 天，再用 10%吡虫啉可湿性粉剂 2 000 倍喷雾，50%辛硫磷 800 倍液，或用 80%敌百虫可湿性粉剂 1 000 倍液灌根，防治葱蝇为害。

（六）收获

大葱是耐寒性的假茎叶类蔬菜，一般在初霜来临前（即 10 月上旬）进行收获，收获过早或过晚都会影响品质和产量。收获时忌猛拔猛拉，切勿损伤假茎。

二、麦茬葱栽培特点及技术

（一）选用适宜品种

麦茬葱受小麦收获的限制，定植期偏晚。所以，在选用品种时，除注意商品性状外，还应考虑选择生育期短、生长速度快的品种，特别是苗期生长速度快的品种。

（二）适期早播、稀播、育壮苗

播种期应在 3 月末 4 月初。稀播、培育壮苗，要求每平方米的播种量不应多于 4 克（3 级以上种子），即 1 米宽 5 米长的育苗畦 50 克种子播 3 畦。撒播或多沟条播，在葱苗生长期间，过密还应间苗。葱苗要加强肥水管理，以增加生长量。可在出苗 20 天至 1 个月进行追肥，每亩施尿素 5 千克，施后及时浇水。以后遇旱及时浇水。大葱苗期杂草危害严重，可用除草剂防除。同时注意防治地蛆。

（三）抢收小麦、及时腾茬、尽早定植

大葱定植期越早，产量越高。麦茬葱的定植期是由小麦的收获期决定的，因此，小麦要适当早种早收。抢收小麦、尽早腾茬、抢栽大葱是麦茬栽培的突出特点。小麦收获后，要抓紧整地、施肥，每亩施有机肥 4 000 千克，磷酸二铵 30 千克。然后起成 65～75 厘米宽的大垄尽早定植。定植株距 5～6 厘米，可先

浇水后插葱,也可先插葱。

(四)加强水肥管理、发挥麦地优势

清种小麦多用水浇地,这是旱作大葱所不及的一大优势。根据大葱需要可人为浇水,促进大葱生长,可弥补麦茬生育期短的不足。这一优势要充分发挥,特别是立秋后,大葱进入旺盛生长期,应结合追肥、培土进行科学浇水。大葱定植缓苗后要及时松土,进行培土。将垄台上土填入沟内,之后在距大葱5厘米处条施尿素等化肥,再起垄使原垄背变垄沟,再后可用大铁犁培土或人工培土。每次高度不要超过大葱分叉股处。每次培土前可施入化肥,并根据天气情况进行浇水。培土2～3次,最后1次最好用锹培,这样保证培土高度,有利于葱白的生长和软化。大葱葱白生长发育要求黑暗潮湿环境,因此必须培土。

(五)适时晚收、延长大葱生长时间

大葱的一般收获期在10月上旬,但麦茬葱由于晚春育苗,又加之定植期偏晚(比一季大葱栽培晚40天左右),因此,必须适时晚收。可延至10月下旬收获,这样不仅延长大葱的生长时间,提高产量,而且还能增加葱白的生长量、提高大葱质量、增加干葱率。

(六)病虫害防治

(1)地蛆又名韭蛆、根蛆等,可用90%晶体敌百虫800倍或40%辛硫磷乳油800倍防治。如果已经发生,可灌根防治,方法是:用90%的晶体敌百虫800倍液或40%辛硫磷乳油800倍液将喷雾器喷头卸掉使药液直接淌到大葱根部,使土壤湿润即可。

(2)大葱须鳞蛾、银纹夜蛾、葱蓟马可用40%乐果乳油800倍防治。大葱斑潜蝇可用20%斑潜净600倍防治。

(3)大葱霜霉病可用25%甲霜灵800倍或72%普力克600倍防治;紫斑病可用75%百菌清800倍液防治;锈病可用75%粉锈宁600倍液防治。

第五章　茄果类设施蔬菜栽培与病害防治

第一节　黄瓜栽培技术

一、黄瓜无公害栽培技术

(一)土地选择

选择大气环境质量优,土壤肥沃,疏松,排灌条件好,两季以上未种过葫芦科作物田块。

(二)品种选择

选择优质、高产、抗病、抗虫、抗逆性强、商品性好的品种。保护地黄瓜可选用长青一号、中农系列、津春或津优系列等,露地黄瓜可选用吉杂二号、吉杂四号、吉杂七号等。

(三)嫁接育苗

1. 育苗方式

可用育苗盘育苗,出苗后移栽到营养钵,或直接点播在营养钵中。

2. 播种期

黄瓜播种期在保护地温室栽培条件下,全年均可播种,生产中一般以春秋冬播种为主。播种育苗期,秋冬栽培 8—9 月育苗;冬春栽培 10—12 月育苗,春节前后上市,大棚栽培 2 月育苗,清明前后定植。

3. 营养土配制

可用肥沃的原田土、腐熟的牛粪或马粪,按 6∶4 的比例或肥沃的田园土、腐熟的牛粪或马粪、农肥,按 5∶4∶1 配制。

4. 播种

先播黄瓜,5 天后播砧木黑籽南瓜,黄瓜播前浸种催芽。选晴天上午播种,先将床土用苗菌敌或多菌灵消毒,然后洒水湿透,水渗后划行播种,砧木直接播在营养钵里。播后室温保持在 28～30℃,地温 25℃以上。出苗后立即降温,出心叶前白天气温 20℃左右,出叶后 20～25℃,地温 15～18℃,昼高夜低,经 5～7 天即可装钵。

5. 幼苗期管理

(1)嫁接方法。黄瓜嫁接能预防土传病害(如枯萎病),还能提高黄瓜抗逆能力。砧木一般选择黑籽南瓜,多采用靠接法,其成活率高,便于操作管理。靠接法要求种苗大小一致,当黄瓜苗第一片真叶长到约 2 厘米,砧木苗子叶完全展开时为嫁接适期。操作方法:第一步,将黑籽南瓜生长点去掉(注意不要损伤根系),然后在叶子下 1 厘米处下刀,刀口呈 45°向下斜切,深度不超过上胚轴粗度的 1/3。刀口如果深达髓部,会影响成活率,刀口长度不宜超过 1 厘米;第二步,取黄瓜幼苗,在靠第一片真叶的一侧于子叶下面 1.3 厘米处以 45°向上斜削,深度达胚轴粗度的 2/3,长度与砧木的切口基本相等;第三步,将两颗幼苗切口互相插入,用小夹子夹住吻合处,使切口密切接触。嫁接前注意对刀、手进行消毒。

(2)嫁接后管理。嫁接后及时放入温室内小拱棚中,保温、保湿、遮光,促进成活。嫁接后前 3 天要密闭小拱棚保温、保湿、遮光,气温白天 25～30℃、夜间 17～20℃,地温 20℃以上,相对湿度90%～95%,以膜上常有水滴为度。每天用喷雾器喷水2～3次,以保持空气湿度。喷水时,可加入75%百菌清500倍液,以防病菌侵入。每天下午1～3时用草帘遮光,防止蒸腾旺盛造成萎蔫。3天后逐渐降低温湿度,气温白天22～25℃、夜间15～17℃,相对湿度降至80～90%。以后逐渐增加光照,7天后就可全见光了。

(3)激素使用。黄瓜大部分花芽在幼苗期分化形成,花的性型受激素控制,主要是乙烯利和赤霉素起作用。乙烯利多增加雌花,赤霉素多增加雄花。黄瓜苗在两叶一心时用50毫克/千克乙烯利喷洒处理1次,四叶一心时再用100毫克/千克乙烯利处理1次,可有效抑制雄花数量。

(四)定植

1. 整地施肥

每亩撒施优质农家肥4 000～5 000千克,深翻细耙,做成50厘米小行、80厘米大行的垄,覆盖地膜,提高地温。

2. 定植

装钵后30～45天,幼苗4片真叶展开时为定植适期,嫁接苗苗龄约为60天。每亩栽苗3 500～3 700株。把去钵后的苗坨摆在定植穴中,定植深度以低于穴面2厘米为宜。

3. 定植后管理

(1)前期管理。缓苗期密闭保温,遇到寒潮,在室内加扣小拱棚保温,白天揭开薄膜增加光照,夜间覆膜保温。缓苗后实行变温管理,白天控制在25～32℃,午后20～25℃。20℃时闭风,15℃放下草毡,前半夜保持15℃以上,后半夜11～13℃。及时吊蔓,摘去雄花、卷须等。

(2)中期管理。第一次灌水在阴雨天气刚过、晴天时开始,并且灌水量要小。为促进生长,提高早期产量,可适当提高温度，白天保持25～32℃，超过32℃放风，20℃关风口，14～15℃覆盖草毡，前半夜保持16～20℃，后半夜保持13～15℃。随着室外气温升高，加强水肥管理，5～6天灌溉1次，隔1次灌水，追1次肥。灌水后一般不再松土，发现杂草可浅铲地表，防止伤根。气温升高后，早揭晚盖至最后撤掉草毡。当气温不低于15℃时昼夜放风。植株长到25叶摘心。

（3）后期管理。黄瓜植株摘心后，生育已趋于结束，此期除加强水肥和放风外，更重要的是防治病虫害，促进形成回头瓜。追肥应以钾肥为主，每亩追硫酸钾10～15千克。

（五）病虫害防治

黄瓜无公害生产，坚持“预防为主，综合防治”的方针。

1. 斑潜蝇防治

可用黄板诱杀，也可用1.8%阿维菌素乳油或用5%抑太保乳油2 000倍液。

2. 蚜虫防治

可用10%吡虫啉可湿性粉剂1 500倍液，10%除尽悬浮剂2 000倍液。或选用杀蚜烟剂，每亩每次500克，分4～5堆，暗火点燃，出烟后密闭5小时通风。

3. 霜霉病防治

可用53%雷多米尔每亩100～120克或64%杀毒矾每亩170～200克喷雾防治。

4. 蔓枯病的防治

可选用烟熏法，用45%百菌清烟雾剂110～180克/亩。可用75%代森锰锌可湿性粉剂1∶1等量混合剂500倍喷雾，茎部病斑可用70%代森锰锌可湿性粉剂500倍液涂抹。

5. 疫病防治

可用雷多米尔或甲霜灵锰锌400～500倍液喷雾。

6. 枯萎病防治

可用50%多菌灵可湿性粉剂500倍液，或用10%双效灵300倍液或50%甲基托布津可湿性粉剂400倍液灌根。

(六)采收

黄瓜根瓜应尽早采收，以防坠秧。采收要在每天早晨进行，既要防止损伤瓜秧，也要防止漏采。

二、棚室黄瓜高产栽培技术

(一)合理密植

棚室黄瓜应适当稀植，并加强水肥管理。定植密度应根据品种、地力、季节而定，一般每亩定植4 000株左右。

(二)适时浇水

浇水要控两头促中间，即结瓜期以前，以中耕保墒提高地温为主，做到见湿见干；结瓜期每隔7～10天浇1次水，每次浇水应在摘瓜前进行，以控制疯长；顶瓜收完后控制浇水，促新根发生；回头瓜膨大时及时浇水。

(三)科学追肥

在保证土壤氮素供应的前提下，适当多施磷、钾肥。追肥用液态形式，以水带肥。一般根瓜膨大前亩追尿素15～20千克，硫酸钾10千克，磷酸二铵15千克，以后每收2次追1次肥。中后期随水追腐熟粪稀2～3次，每次每亩500千克左右。

(四)喷乙烯利

当黄瓜幼苗2片真叶展开时，喷一次浓度为0.02%的乙烯利溶液，在4叶一心时再喷1次，增加雌花数，增产15%左右。

(五)喷防落素

黄瓜植株雌花开花的1～2天，用0.01%～0.02%防落素溶液进行喷施，可促进果实生长，增产20%，且黄瓜直而长，商品性好。

(六)喷叶面肥

黄瓜苗期喷0.3%的尿素水溶液，能促苗早发。也可喷0.5%硫酸亚铁液，促苗健壮、叶色浓绿。在7叶时，喷0.2%硼酸液保瓜防落。在结果中、后期，喷施0.3%磷酸二氢钾和0.3%尿素混合液，延长瓜秧生长期，促进生长，争取多收瓜，提高产量。

(七)控温保湿

黄瓜生长发育的适宜温度为25～30℃，超过30℃植株生长加快，容易疯长。因此，棚室温度白天应控制在25～30℃，不宜超过30℃，夜间温度保持18℃左右，以降低呼吸作用，增加干物质积累。黄瓜生长适宜的空气湿度为60%～80%。

(八)看秧绑蔓

瓜蔓长到30厘米左右时，开始绑蔓。第一次直立绑架上，瓜蔓生长旺盛时，可左右弯曲绑架，弯曲度与松紧度视瓜秧的长势而定。如秧旺瓜少时，弯曲度要大，且要绑紧。

(九)激素保瓜

黄瓜结瓜后，植株的营养生长受到控制。因此，要设法使第一批花坐瓜。如果第一批花坐瓜少，易导致疯长。使用保果灵100倍液沾花、喷花，可使黄瓜多坐瓜，且能保住瓜，促进小瓜迅速膨大。既可上市增加早期产量，又能有效地防止瓜秧疯长。

(十)适时收瓜

根瓜对瓜秧有明显影响，根瓜采收较晚时，会使瓜秧生长受到抑制。瓜秧疯长应适当晚摘根瓜，以起坠秧作用，缓解疯长，瓜秧生长弱时，要早收根瓜，以防坠秧，尽快采取措施促秧生长。

三、让黄瓜多结瓜技术

(一)选用隔年良种

将高质量的黄瓜种子,在良好的储藏条件下存放1年后再用于生产,可以提高雌花比例。

(二)增加水分

黄瓜种在湿度为80%的土壤中,要比种在湿度为40%的土壤中产量高1倍多。

(三)优化施肥措施

在中性土壤中栽培的黄瓜雌花比例高,增施有机肥可以中和土壤酸性,促进黄瓜雌花分化。在黄瓜早期生长发育中提供充足的氮肥,也可以增加雌花的数量。另外,每亩用100毫升惠满丰活性液肥加水50千克喷施,既能活化土壤,又有利于多生雌花;每亩用化肥精100克加水50千克喷施,能刺激黄瓜雌花生长;每亩用光合微肥粉剂200克加水25～30千克喷施,促进黄瓜雌花生长发育。

(四)控温遮阳

黄瓜是短日照作物,缩短光照能使雌花增多。在黄瓜花形成前,利用黑纸、草帘等物搭在棚架上遮阳,把每天的日照控制在9小时之内。子叶展开后10～30天内,进行低温处理,并保持大的温差,夜温14～15℃,白天温25～28℃,在育苗营养土中增加磷肥,可促进花芽的分化。

(五)摘心

黄瓜主蔓有25片叶时摘心。侧蔓能结瓜的品种,当植株结有1～2条瓜时要对侧蔓摘心。

(六)喷药

用40%乙烯利25克对水50千克在幼苗期喷洒,或用

0.01%萘乙酸钠盐水溶液在黄瓜2～3片真叶期喷洒，均能增加雌花数量。

四、黄瓜生产中常见问题及解决办法

(一)大棚黄瓜嫁接死秧原因及防治措施

1. 发病的主要原因

(1)接口过低。黑籽南瓜上胚轴过短，嫁接苗接口离地面较近，接口处黄瓜茎上生出的不定根很容易与土壤接触，导致发病。

(2)定植过深。大棚黄瓜多采用高垄栽培，部分农户把黄瓜苗栽植在垄的底部，基本与沟壑相平，在浇水时，水很容易淹没接口，病菌随水传播侵染接口上的黄瓜茎而发病。

(3)畦面不平。畦的上水头低，下水头高，即菜农所说的“炕头畦”，浇水时畦面上半部水较深，水面超过接口处，造成病菌侵染。

(4)嫁接操作不当。插接的黄瓜在竹签插入黄瓜幼茎时角度小，嫁接黄瓜的不定根穿过南瓜髓腔与土壤接触。

以上4种原因的共同特点是黄瓜的不定根与土壤或灌溉水接触，为病菌侵入创造了条件，导致发病。

2. 防治措施

(1)砧木南瓜适当育成“高脚苗”。南瓜的上胚轴在6厘米左右，在南瓜播后将出土时，温度适当提高，一般掌握在白天25℃，夜间不低于15℃，1～2天后适当降温。

(2)严格嫁接技术操作。采用嫁接时，砧木幼苗第1片真叶横茎达2厘米左右嫁接适期。嫁接时先将南瓜去掉生长点，将竹签从叶子基部一侧斜插向另一侧，插入深度0.5厘米，不宜穿破砧木表皮，切忌不能直插。

(3)定植畦整平整细。高畦栽培，垄背高20厘米，呈马鞍形，垄沟要铲平，浇水时做到上下一致。

(4)定植部位要适当。将黄瓜苗栽在距沟底10厘米处的沟背上，栽植过低会造成浇水没过接口，过高上水困难，影响黄瓜正常生长。

(二)黄瓜苦味的形成原因及预防措施

1. 原因

(1)品种的遗传性。苦味素有遗传性，选择有苦味的瓜做种子，后代一定受影响。从黄瓜品种来看，一般叶色深绿的品种较叶色浅淡的品种易产生苦味。

(2)温度。当气温或地温低于13℃时，细胞渗透性降低，养分和水分吸收受到抑制，黄瓜易出现苦味；另外，当棚温高于30℃，且持续时间长，致使叶片同化功能减弱，光合产物消耗过多或营养失调，黄瓜也会出现苦味。

(3)水分。根瓜期控水不当，或生理干旱，易形成苦味。

(4)营养。再生产上要防止氮肥施用过量或磷、钾肥不足，特别是氮肥过量很容易造成植株徒长，在侧、弱枝上易出现苦味瓜。

(5)密度。定植过密，光照不良，光合作用减弱，干物质积累少，会导致黄瓜苦味加重。

(6)伤根。在分苗、铲蹚、土壤过旱时易伤根，而使黄瓜苦味加重。

2. 预防措施

(1)选用良种。尽量避免叶色深绿的品种，多选叶色较浅的品种。

(2)合理灌水。黄瓜根系入土浅，不能吸收深层水分，在气温较高、土壤水分较少的情况下，易使植株发生生理干旱，产生苦味瓜。因此，要求土壤耕作层中有充足的水分；同时黄瓜叶大且薄，蒸腾量大，故要求空气湿度要大。所以，应合理灌水，在高温天气用灌水来调节小气候的湿度，保持土壤中有足够的水分并做到“少量多次”。特别应注意定植后蹲苗不应过度，轻浇定植水和缓苗水，结瓜盛期每隔 10 天左右浇 1 次稀薄的肥水，浇水的时间宜在傍晚，阴雨天不宜在棚内浇水。

(3)合理施肥。多用腐熟的有机肥料，少用氮素化肥。幼苗期控制氮肥的用量。随着植株的不断生长，应增加氮肥施用量，在开花结果期应平衡施肥，氮、磷、钾比例为 5∶2∶6，同时应配合根外追肥。

(4)调控棚温。棚内定植不宜过早，提倡地膜覆盖栽培，当棚内地温在 13℃以上时才能定植；定植初期棚内一般不随意通风，日温保持在 25～30℃，夜温保持在 12～15℃；结瓜初期棚温超过 30℃时，开始通风换气，下午降至 28℃后要及时关闭通风口；结瓜后期温度应控制在 32℃以下。

(5)合理密植。黄瓜栽培提倡宽窄行种植，一般宽行 75～80 厘米，窄行 60 厘米，株距 30 厘米，亩保苗 4 000 株左右。

(6)避免伤根。生产上播种应用沙盘播种，起苗时尽量少伤根，分苗应用塑料营养钵或纸口袋，栽培上应采用垄作地膜覆盖栽培，若不扣地膜，铲地时应前期稍深，后期稍浅，苗眼处稍浅，离苗远处稍深。

(三)黄瓜冻害补救措施

1. 久阴骤晴时棚室内应缓慢升温

特别是骤晴天气，为避免植株在阳光下暴晒，可采用回苫(或间隔放苫，用保温被的也可采用半苫)的办法避开突然的高温。

2. 叶面喷水和地面灌水

天气放晴时，用喷雾器喷水，增加棚室内空气湿度。连续阴天引起植株萎蔫的，一般不可浇水。如果天气开始好转，土壤干旱，必须浇水时，也可地面灌水以增加土壤热容量，防止地温下降，稳定近地表的大气温度，促使受冻组织吸水恢复生机。

3. 叶面施肥

连续雨雪低温天气引起植株黄化和生长点受害，可喷施植物生长调节剂及叶面肥来补充植株营养，刺激黄瓜叶面平展和茎节伸长，恢复植株生长势。可喷施2%的尿素和0.2%的磷酸二氢钾水溶液或0.5%～1.0%蔗糖＋0.1%～0.3%磷酸二氢钾混合液，或用生长调节剂如赤霉素、云大-120、小叶敌等加0.1%～0.3%磷酸二氢钾，每5～7天喷1次，喷施两次以上。

4. 及时剪去受冻的枯死茎叶

黄瓜植株遭受持续低温和寡照后，萎蔫枯死的叶片，易发霉病变，诱发病害，应及时剪除。

5. 可适当疏掉一些幼瓜

当黄瓜因长期低温出现花打顶或化瓜现象时，可适当疏掉一些幼瓜，以利枝蔓伸长。另外，如发现冻害已造成黄瓜植株生长点死亡时，可将“龙头”摘除，以促使新“龙头”萌发。

6. 病虫害防治

持续的雨雪低温天气，易诱发黄瓜疫病和灰霉病。在防止低温伤害的同时，也应注意病虫害防治，应注意及时喷洒一些保护性防治病虫药剂，如80%络合态代森锰锌500倍液、50%扑海因1 000倍液、64%进口杀毒矾500倍液、50%农利灵500倍液等。并尽量多采用烟剂防病。

(四)防止大棚黄瓜化瓜的技术措施

化瓜现象是黄瓜生产上普遍存在的问题，特别是采用日光温室、塑料大棚等保护地栽培的黄瓜，化瓜更是突出，不容忽视。

1. 化瓜原因

(1)天气不佳。连阴天，棚内光照不足，导致黄瓜光合作用及根系吸收能力受到影响，造成营养不良而化瓜。

(2)连续低温引起化瓜。春季气温回升,人们易忽视低温冷害,特别是"棚室逆温"现象,从而使黄瓜根系因低温影响而降低了吸收能力,使瓜条因营养不足而化瓜。

(3)高温化瓜。棚室内白天温度高于 32℃,下半夜温度高于 18℃,就会导致黄瓜光合作用受阻,呼吸作用显著增强,会因营养不良而化瓜,高温还会影响雌花发育,易出现畸形瓜。

(4)过分密植引起化瓜。由于黄瓜根系主要集中在地面表层,栽培密度过大,致使黄瓜根系争夺养分,地上部分争夺空间与光照,光合作用降低而化瓜。

(5)肥水供应不当引起化瓜。肥水供应不足,光合产物少,可引起化瓜,特别是氮素施用过多往往使瓜蔓徒长而化瓜。

(6)病虫侵害引起化瓜。由黄瓜霜霉病、角斑病、白粉病等病害直接侵害叶片,蚜虫和白粉虱等危害植株而影响了黄瓜的光合作用而造成化瓜。

(7)喷药浓度过高引起化瓜。喷药浓度过高对雌花有危害,或受棚室内有害气体的危害而引起化瓜。

(8)棚内二氧化碳浓度过低。棚内二氧化碳浓度过低,低到植株难以忍受的程度,进而影响植株的光合作用而引起化瓜。

(9)根瓜采收不及时引起化瓜。当根瓜商品成熟时,如果采收不及时就会消耗大量同化产物,影响上部雌花吸收营养,造成不能结瓜。

2. 防止措施

(1)根据栽培环境及季节不同,选择与栽培茬口相适应的品种。早春日光温室可选择耐低温、弱光的品种;秋季大棚栽培可选择苗期耐高温、后期耐低温的品种。

(2)改善光照条件,采用透光率高的无滴防化薄膜,延长光照时间,并注意清洁棚面以利透光,晚上用日光灯等光源进行人工补光,遇阴天要早揭草毡,以增加棚内光照。

(3)调节好棚内温湿度。黄瓜发育适宜温度为25～30℃，高于38℃或低于10℃时会授粉不良。因此，当棚温达到25℃以上时，就要及时通风，阴冷天可小放风，晴暖天可大放风。

(4)根据栽培季节、品种、形式不同而选取适当的栽培密度。早熟品种可比晚熟品种密度大些，露地栽培可比保护地栽培密度大些，一般保护地种植为亩保苗3 500株左右。

(5)合理施肥灌水。在根瓜坐住之前，不要浇速效氮肥。缓苗后若植株生长正常，可不再浇水进行蹲苗，直到根瓜长至手指粗时，再浇水和叶面喷肥，并及时通风排湿。

(6)当棚内二氧化碳浓度过低时，可以通过放风及空气对流来提高棚内二氧化碳浓度，也可以追施二氧化碳气肥，但其浓度不可超过2 000毫克/千克。

(7)植株及时调整。保留10节以上的带雌花的侧枝，并在其雌花以上留1～2片叶摘心，其他侧枝和卷须要及时除去。在生长的中后期，要及时摘除老叶、病叶、以利通风。对生长旺株，绑蔓时要加大弯曲度，使养分更多的输送到瓜条生长枝上。

(8)加强病虫害防治。在黄瓜生育期间，密切注意病虫害的发展动态，及时喷洒农药进行防治。但要注意喷药浓度适宜，喷洒均匀，不要喷到花朵上，以免影响授粉而化瓜。

(9)及时采收。采收时，要多收商品成熟瓜，畸形瓜和坠秧瓜，但绝不要采收半成熟的小商品瓜。

第二节　西瓜栽培技术

一、日光温室西瓜高产栽培技术

(一)品种选择

选择抗病、耐低温、耐弱光、品质好、产量高的品种。

(二)嫁接育苗

1. 制作苗床

在温室内设架床或电热温床,每亩西瓜需按宽1.2米,深10厘米,长7米建苗床,将装有营养土20厘米×10厘米的营养钵紧密摆入苗床内。营养土用腐熟有机肥和肥沃的菜园土按1∶3比例配成。浇足底水,覆膜增温。

2. 浸种催芽

砧木(葫芦)种子先用70℃热水浸泡,搅拌冷却至30℃时,恒温浸种6小时,在25～30℃的条件下催芽。接穗(西瓜)每亩播种量75～100克,用55℃温水消毒,搅拌冷却至30℃,恒温浸种6小时,然后在30℃保温保湿,黑暗条件下催芽12～24小时。

3. 播种

日光温室西瓜一般在12月上旬播种育苗。以南瓜作砧木的用插接法,砧木和西瓜接穗应错期播种,砧木播种4～5天后,对西瓜种子进行浸种催芽。在胚根长到0.2～0.5厘米时播入营养钵,覆土后1.5厘米。播种后苗床温度白天在25～30℃,夜间15℃以上。7～8天后即可出苗。瓜苗长到5厘米时喷水和杀虫剂,出苗1～2天后,子叶展开时进行嫁接。

4. 嫁接后管理

嫁接后3～4天内要避光,保温保湿,温度白天保持26～28℃,夜间15～18℃,相对湿度90%以上,必要时中午喷雾1次;3天后逐渐增大透光量和通气降温,只需中午遮光,温度控制在白天22～25℃,夜间18～20℃。防止温度过高,光照不足,造成幼苗徒长。尤其是第一真叶到第四真叶展开时,应加大通风量,昼夜温差保持在10℃以上,保证花芽正常分化。

(三)定植

1. 整地施基肥

深耕细耙土地,按1米行距开沟,沟内施入优质农家肥3 000千克/亩,过磷酸钙50～75千克/亩,硫酸钾10千克/亩,硫酸铵10～15千克/亩,使粪肥与土掺匀。再从两侧开沟培成底宽50厘米,上宽35厘米,高10厘米的垄,整平垄台,覆盖地膜后即可定植。

2. 定植方法

选晴天的上午定植。按50厘米株距,在垄台中央把地膜开"十"字口,四边拉开,用铲开穴浇定植水,坐水栽苗,水渗后覆土并把地膜拉回原处,用湿土将缝隙封严。

(四)定植后管理

1. 温度

定植后密闭保温,高温、高湿条件下促进缓苗。缓苗后白天超过35℃放风,降到25℃以下时闭风,夜间尽量保持在15℃以上。

2. 光照

每天早晨揭毡后,清扫屋面薄膜,擦净灰尘利于透光,在温室后墙张挂反光幕。

3. 整枝

采用双蔓整枝,在主蔓5～7节叶腋处选留1条粗壮的子蔓,主蔓留第二或第三雌花结的瓜。选留西瓜后在瓜前留5～6片叶摘心,另一蔓作为营养蔓始终不摘心,其他所有侧枝及时除掉。

4. 肥水管理

基肥充足可不追肥。定植水浇足,前期一般不用浇水,茎蔓

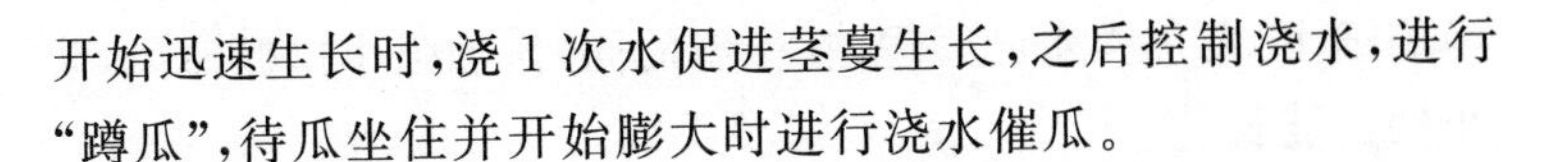

开始迅速生长时，浇1次水促进茎蔓生长，之后控制浇水，进行“蹲瓜”，待瓜坐住并开始膨大时进行浇水催瓜。

5. 人工授粉

选长势中等茎蔓上的大型雄花刚开时，连同花柄摘下，将花瓣外翻，露出雄蕊，将花粉轻轻涂抹在雌花柱头上即可。授粉时间选在每天早晨揭毡后8～9时为宜。授粉后挂上不同颜色的纸牌，以便采收。

(五)适时采收

根据坐果日期标记，看果实长相，听弹、拍声音即可鉴别成熟度。

二、露地早熟西瓜栽培技术

(一)栽培季节及品种选择

一般在3月上中旬采用营养钵小拱棚育苗，4月中旬定植且地膜覆盖，6月中下旬采收上市。选择早熟、高抗病、丰产、果个大、产量高、耐贮运的品种。

(二)育苗

1. 种子处理

将种子用温水浸泡6～8小时，然后置28～30℃温箱中催芽，无条件者可在袋内催芽，至胚芽露白为宜，一般2～3天即可。

2. 营养土配制

以70%的园土(未种过瓜类)加30%的草木灰拌匀，每百千克营养土加0.5千克复合肥配制而成，配制好的营养土用福尔马林及敌百虫进行消毒。

3. 播种

将带芽的种子播于营养钵内，一钵一粒，播后盖1.5～2厘米的细土，要加强水肥管理，在保温的同时，加强小拱棚通风，防止幼苗徒长。

4. 出苗管理和炼苗

播种后一般一周左右即可出苗，此时要注意拱棚内温度变化，一般最低温度不能低于 12℃（夜间），最高温度不能超过 30℃，要适时换气通风。待幼苗 3～4 片叶时，要注意炼苗，大田栽培前几天要充分炼苗以利幼苗正常生长。

（三）整地施肥，开沟起垄

土地要精耕细作且平整，采用单行高畦整地，畦宽 120 厘米，畦高于地 10 厘米。施农家肥 2 000 千克/亩或食用菌废料 5 千克/亩、复合肥 50 千克/亩、钾肥 10 千克/亩、尿素 10 千克/亩，采用集中穴施的方法。

（四）移栽定植和铺膜

在定植畦上每隔 60 厘米挖 1 个小土坑，先浇足底水，待水浸完后将幼苗去营养钵定植在穴内，最后覆盖地膜，保温，保墒。覆膜时，膜两边要压实，幼苗定植穴四周要用细土把膜压实，以防风吹，毁坏地膜，起不到覆膜的作用。

（五）大田管理

1. 肥水管理

西瓜耐旱耐涝，加之有地膜覆盖保墒，整个生育期一般不浇水。苗期保持土壤相对含水量 40%～60%，坐果期保持土壤含水量 60%～70%，生长期旱情严重时即白天叶片有萎蔫现象、晚上仍不能恢复的，需及时抗旱浇水，但不宜浇大水，切记大水漫灌，可用小水沿垄沟浇水，水深以不超过垄沟 2/3 为宜，以防幼果开裂。雨天及时排水，确保雨后不积水。瓜伸蔓后，采用双蔓整枝，一般第二、第三雌花留瓜，幼瓜坐稳后摘除瓜后主蔓上的侧枝，待瓜长至拳头大时选留一个瓜形好、生长健壮的瓜，每株只留一个瓜，其余全部摘除。在西瓜伸蔓期和果实膨大期各喷1遍高效叶面肥，对促进果实膨大，提早成熟、改良品质、增强抗病性、提高产量均有明显效果。

2. 防治病虫害

以农业防治为主，化学防治和生物防治相结合。化学防治要正确掌握用药浓度，喷雾要均匀，不同农药交替使用。防治病毒病、蔓枯病，可用吡虫啉、多菌灵、甲基托布津，每隔10天左右喷施1次。要注意叶面正反两面喷匀，西瓜生长中后期，防治白粉病，可用78％科博可湿性粉剂500～800倍液、75％达科宁可湿性粉剂800倍液进行预防；发病后选择10％世高水分散粒剂1 000～1 500倍液、40％福星乳油8 000倍液喷雾。

（六）采瓜

为了提高西瓜的商品质量，不要采摘尚未成熟的西瓜，一般从开花到成熟需28天左右。

三、大拱棚西瓜四膜一毡栽培技术

（一）选用良种

大拱棚西瓜宜选耐低温、耐弱光、抗病、早熟、产量高、商品性好的品种。

（二）整地施肥

施优质腐熟土杂肥5 000～7 000千克/亩，过磷酸钙50千克/亩，硫酸钾20千克/亩，饼肥30千克/亩，硼砂1千克/亩，甲基异柳磷0.3千克/亩，敌克松2千克/亩。土杂肥一般在耕播时施入，另一半与其他药肥施入丰产沟内。沟距1.6～1.7米，起垄后做成龟背畦，垄底宽60厘米，垄面宽40厘米，高10～15厘米。

(三)培育壮苗

1. 适期播种

大拱棚西瓜的适宜播种期为1月上旬，苗期为50天，定植期为2月底至3月上旬，5月初开始上市。采用嫁接育苗。播种前晒种1～2天，将砧木籽浸种催芽后播于营养钵内，5～7天后播西瓜种子。

2. 嫁接苗管理

当砧木第一片真叶出现，西瓜2片子叶展开时嫁接。嫁接方式以靠接为佳。嫁接后立即扣好小拱棚，白天温度保持在25℃左右，夜间不低于20℃，前3天上午10时至下午4时遮阴，以后逐渐增加见光和通风时间，7天后不再遮阴并加大通风量。

(四)定植

定植前15天，在整好畦的大棚内浇水造墒，然后扣棚，提高地温。定植时在垄上挖穴，穴距55厘米，栽植密度为650～700株/亩，每穴浇足水，覆盖地膜，扣上小拱棚。

(五)定植后的管理

1. 温度

定植后10天内如温度不超过35℃，密闭大棚及小拱棚内，使地温保持在18℃以上促进缓苗。缓苗后白天控制在25～30℃，夜间不低于15℃，结瓜期间白天控制在28～32℃，成熟期白天温度控制在30～35℃。上午9时至下午4时才揭开小拱棚，增加光照时间，傍晚覆盖保温。当气温稳定、瓜蔓长至30厘米时撤除小拱棚。

2. 整枝压蔓

采用“一主二辅”整枝法，即留一条主蔓，在主蔓基部选2条健壮侧蔓作副蔓，其余侧蔓全部抹去。瓜蔓每长出30～50厘米时，用树枝折成倒“V”形，卡压在瓜蔓上。

3. 人工授粉和留瓜

上午8～10时，选当天开放的雄花去掉花瓣后，将雄蕊在雌蕊柱头上轻抹授粉，授粉后选留第2～3雌花坐果，做好标记，以便确定采收期。坐瓜后垫瓜和翻瓜。

4. 肥水管理

定植后一般不轻易浇水以防徒长影响坐瓜。西瓜缓苗后伸蔓前，从定植垄之间隔沟浇1次小水，以促进生根发棵，为开花坐果打下基础。幼瓜鸡蛋大小时，穴施氮磷钾复合肥20千克/亩。幼瓜坐住后，浇1次膨瓜水，并随水追施尿素15千克/亩，只要瓜蔓长势旺，就可控制浇水，以防“跑秧”。

5. 病虫害防治

主要病虫害有炭疽病、叶斑病、疫病。定植后每隔7～10天用75%百菌清800倍液、70%甲基托布津600倍液、70%代森锰锌600倍液喷雾防治，轮换用药，严格控制药量。虫害主要有蚜虫、美洲斑潜蝇等，可用10%一遍净2 000倍液、斑潜灵1 000倍液喷雾防治。

四、西瓜生产中常见问题及解决办法

(一)影响西瓜坐果的原因及解决措施

1. 影响西瓜坐果的原因

(1)授粉受精不良。西瓜属于雌雄异花，且为虫媒花，在开花期遇到低温、阴雨等不良条件，就会影响正常授粉受精，引起化瓜。

(2)光照不足。西瓜是瓜菜作物中最需强光者，特别是若出现低温光照不足，会造成器官发育不良，植株生长势减弱，也会因营养不良而引起化瓜。

(3)水分不足。在开花期,如果水分不足,雌花子房发育受阻,也会影响坐瓜。

(4)氮肥偏多。在西瓜生长期间,尤其是开花结果期,氮肥偏多会引起营养生长过旺,供给花、果的养分相对减少,幼瓜会由于营养不足而脱落。

(5)密度过大。栽植密度过大,光照不足,营养生长过旺。影响生殖生长,不易坐瓜。

(6)高温高湿。温度高、湿度大,在保护地栽培中易出现这种条件,有利于营养生长,使植株生长过盛,造成疯长,不易坐瓜。

(7)不适当的间套作。西瓜套种应确保通风透光良好,与高秆作物套作,如果行距偏小,易造成遮光严重,通风不良,影响西瓜生长,不易坐瓜。

(8)病虫害。由于病虫为害使幼瓜受到伤害,也会造成化瓜。

2. 解决措施

(1)合理密植,确保通风透光良好。

(2)协调营养生长与生殖生长的关系。无论是茎叶生长过旺造成疯秧,还是生长过弱造成植株矮小,都会导致落花化瓜。所以不要偏施氮肥,开花结果应控制肥,加强植株管理。控制侧秧生长。如果出现疯秧现象,应及时采用重压蔓,扭伤茎蔓顶端,扭破坐果节位前的茎蔓等方法抑制茎叶生长,促进营养物质向幼果分配。若植株生长较弱,子房瘦小,可促进根部追肥,增加植株长势,促进开花坐果。

(3)创造适宜温度。西瓜开花坐果期适宜温度是25℃,最低界限为18℃,否则坐果率低且易产生畸形果。所以,应采用各种措施使开花结果的西瓜处于25℃的环境中,早春保护地栽培,在开花期以提高温度为主,但要防止高温高湿。

(4)增加光照。要增加光照强度,以提高坐果率。如在保护地覆盖栽培时,在温度条件允许的情况下,可尽量将棚膜掀开减少覆盖物,采用无滴膜或者清理膜内水珠,让西瓜植株尽可能多地接受光照。

(5)授粉前增施硼肥,叶喷 1～2 次。

(6)进行人工辅助授粉。西瓜常因授粉不良坐果率不高,采用人工辅助授粉可显著提高坐果率。

(7)合理整枝。一般西瓜留 2～3 条蔓。

(8)防止降雨对坐果的不良影响。在开花期遇雨或连阴雨的情况下,在开花的前 1 天,将开放的雌、雄花用防雨纸帽套住,(也可将雄花采集回室),第二天开花时取下纸帽进行授粉。

(9)及时防治病虫害。减少病虫害直接或间接造成的落花、化瓜。

(二)地膜西瓜早衰的原因及对策

1. 脱肥

种西瓜一般基肥施得较足,但因栽培较早,并且盖了地膜,地温高肥料分解快,被植株吸收较多,损耗也较大,所以坐瓜以后表现脱肥,导致西瓜后期早衰。

对策:西瓜长到鸡蛋大小时,亩追尿素 40 千克,磷酸二氢钾 5 千克,以水送肥。以后可根据植株长势再追肥 1 次或喷叶面肥 2～3 次,叶面肥可选用尿素与磷酸二氢钾的混合液、喷施宝、叶面宝、丰产灵、翠竹牌植物生长剂及禾欣液肥等。

2. 坐瓜早

西瓜一般在主蔓 7～8 节处生第一朵雌花,子蔓在 6～8 节处生雌花。以后不论主蔓、子蔓都是每隔 7～8 节长一雌花。在第一朵雌花出现时,正是瓜秧开始旺长之时,如果将第一瓜留住,将消耗大量营养,会影响瓜秧的生长发育,极易形成“老小秧”，引起早衰而结小瓜。

对策：第一瓜坐住后及时摘除，留第二瓜，子蔓不让其结瓜，可有效地防止早衰。

3. 失衡

西瓜有较强的耐旱能力，但过旱时也会影响植株生长和果实发育。西瓜结果期对土壤含水量的要求为75%，此时土壤如果失墒，含水量过低，就会引起早衰。

对策：在早晚气温低时浇水；为了防止植株根际失墒，可在植株根部覆盖叶片和杂草等；西瓜坐瓜以后，把植株周围的膜下虚土用手往下按实，使之形成一个小盆地，天下雨时可使雨水顺着植株基部的地膜小孔渗透到西瓜根部，防止过旱失墒严重；喷施高效抗旱剂，保水剂。

4. 病害

西瓜生长后期，正值多雨季节，西瓜的各种病害极易发生。当病害发生，叶片受害，光合作用受阻时，就会产生早衰现象。

对策：对西瓜病害要遵循“防重于治”和“治早、治小、治了”的原则。在发病前或发病初期，有针对性地喷洒各种药剂。西瓜炭疽病可用70%甲基托布津可湿性粉剂600倍液、50%多菌灵500倍液、75%百菌清可湿性粉剂600倍液喷雾；西瓜枯萎病，可用50%多菌灵、70%甲基托布津1.3千克配成1∶50倍的药土，定植前开沟施于土壤中。发病初期用50%多菌灵可湿性粉剂500倍液、70%敌克松800～1 000倍液灌根，每根250毫升。西瓜病毒病用10%一遍净(吡虫啉)2 500倍液喷雾，杀死传播病毒的蚜虫和灰飞虱。发病初期喷施病毒A500倍和黄叶敌800倍混合药液，5～7天1次，连喷2～3次。

5. 日烧

西瓜即将成熟时，充分暴露的西瓜，往往发生日烧，使瓜早

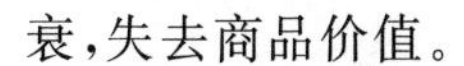

衰,失去商品价值。

对策:用叶片、杂草等遮盖瓜面。

(三)提高西瓜嫁接成活率技术

1. 培育壮苗

壮苗是提高成活率的基础。壮苗要求茎粗、叶绿、子叶不展、不带帽,否则,幼苗的成活率可相差10%左右。尤其是茎的粗度对成活率影响最大,同样的品种,茎越粗,成活率越高,且成活后,生长势强。

2. 合理的温度调控

遇强寒潮的天气,可不必强行嫁接,已嫁接伤口未愈合的则要加强保温防寒工作。最好用大棚保温,没有大棚的要采取多层覆盖,在小拱棚上加盖旧薄膜或草帘。此法提高的温度虽不多,却防止了生长低限温度的出现,可很好地提高西瓜嫁接成活率,而在晴天,则要选择90%遮光率的遮阳网,且要进行两层遮光,50%遮光率差的遮阳网要盖3～4层。晴天的中午,当温度超过35℃时,还要采取棚外流水法协助降温,起到降温保湿的作用,用此法可降低大棚内温度5℃左右,以免高温灼伤苗,导致成活率下降。

3. 恰当的湿度管理

嫁接后的前3天,要求空气湿度达到95%～98%。为了达到这么高的空气湿度,要求接苗后浇透水,其次小拱棚必须密封严实,小棚两侧用土压紧。3天后,伤口开始愈合,可适当降低空气湿度,但也要求在90%以上。一般利用早晚时间小棚两头透气,开始早晚各半个小时,以后逐步延长透气时间(遮光时间也要逐步减少)。到第7天时,伤口基本愈合,遮阳网可基本去掉。此时湿度可以更低,但由于秧苗还不适应外界的环境,不能将小拱棚完全撤去,而应进行炼苗。

4. 高温炼苗

高温炼苗，对提高其成活率效果非常好。即在第7天时，遇晴天，小拱棚只是两头透气，去掉遮阳网，让棚温升高，经观察，棚温40℃以下，苗子都不萎蔫，超过40℃，如有萎蔫，则要在中午时，盖一下遮阳网，连续几天炼苗。傍晚时，将小拱棚完全撤去，并适当喷水。这样，炼苗以后，成活率可达90%以上，而且定植成活率也很高。没有经过高温炼苗的成活率下降的幅度为30%～50%。

5. 补充营养

嫁接后，由于秧苗未愈合，又不能充分进行光合作用，故秧苗瘦弱，在嫁接后的第3天，用0.2%～0.5%的磷酸二氢钾进行叶面喷施，可使秧苗健壮，又可提高其成活率。

(四)西瓜增甜十三法

1. 施农家肥

在整地施肥时，多施入成分齐全的农家肥，如鸡粪、羊粪等，这样种出来的西瓜个头整齐、风味好、甜度高。

2. 施微生物菌肥

微生物菌肥是一种高科技生物肥料，含数亿高效活性微生物硅酸盐菌。它可以分解转化土壤中的含钾矿物质，变无效钾为有效钾、不断释放出可以利用的钾元素，供植物吸收。它可促进西瓜的生长发育，使叶色浓绿，果形端正，个大而整齐，糖分转运快，可使西瓜甜度增加1～1.5成。

3. 施活性生物钾

活性生物钾是一种高科技生物肥料，在西瓜的全生育期配方施入，可使西瓜叶色浓绿、果形端正、甜度提高1～1.5度。

4. 喷西瓜灵

西瓜灵是一种高效叶面营养液，含有西瓜生长所需的10多种营养物质。在西瓜初花期和坐瓜期，稀释后喷施于叶片的正面和反面各 1 次，可使西瓜增产 20%左右，甜度也明显提高。

5. 施甜叶菊

甜叶菊 500 克、黄豆 10 克，加水 25 千克，泡涨后煮至水干为止。在西瓜开花坐果时，开穴施于离瓜苗 13 厘米处，深约 13 厘米，这样结出的瓜大而甜。

6. 激素处理

在花期和幼果期，用毛笔蘸 0.1%赤霉素溶液涂抹花柄或果柄一周，可增加甜度 1 度以上。

7. 施植物油

西瓜长到拳头大时，用直径 1.5 厘米的木棍在离主根 2 厘米处捣一个 12 厘米的小洞，滴入 3～4 滴豆油或菜油，用土封平，过 3～5 天浇 1 次水，可提高甜度 1～2 度。

8. 喷硼钙液

取硼酸钠 150 克、氯化钙 50 克、蔗糖 1 000 克、加 100 千克水充分溶化，在西瓜膨大期选晴天下午喷施，可增加甜度 2 成。

9. 喷施稀土

在西瓜 5～6 片真叶期、始花期和膨大期分 3 次叶面喷施硝酸稀土，浓度为 0.03%、0.06%、0.08%，可增加甜度 0.6～0.7 度。

10. 喷西瓜王

每亩用西瓜三代王 1 瓶加大庆保尔西甜瓜专用有机肥 2 袋在坐瓜期、膨大期各喷一次，可有效提高糖分积累，改善品质和商品性，含糖量提高 1～1.5 度。

11. 喷施糖液

在西瓜的膨大期，用 3 000 倍的稀糖液喷施叶片 2～3 次或浇根2～3次,可增加西瓜的甜度1.3～1.8度。

12. 施糖精豆

将500克糖精倒进一大锅水中,煮沸后加入5～10千克大豆,继续加热煮干水,然后将融透糖精的黄豆跟5千克硫酸钾、5千克磷酸二胺、15千克草木灰混合充分搅拌,于西瓜膨大期开沟施入,可增加甜度20%左右。

13. 喷洒增甜液

在西瓜生长的中后期,向西瓜叶面喷洒增甜液。增甜液的配方是:硼砂30克、蔗糖1 000克、氯化钙5克,加水50千克溶解后即成。每亩喷液量25～30千克,可使西瓜甜度提高1～2成。

第三节 番茄栽培技术

一、番茄无公害栽培技术

(一)生产基地环境条件

1. 环境条件选择

基地避开公路主干线,区域及上风向没有对产地环境构成威胁的污染源,农业生态环境良好。

2. 土壤条件

选择地势平坦、排灌方便、地下水位低、土壤耕层深厚、土质疏松、理化性状良好、富含有机质的沙壤或黏壤土为好。

(二)生产技术

1. 选用品种

选用优质、高产、抗逆性强、商品特性良好、耐贮运、适合本地栽培、适应市场需求的硬果型番茄品种。

2. 培育壮苗

(1)育苗设施。根据栽培季节、气候条件的不同,选用温室、塑料棚、阳畦、温床和露地育苗。夏季露地育苗要有防雨、防虫、遮阳设施。

(2)育苗床准备。利用穴盘(规格72)或营养钵(规格10×10)育苗。在温室内整畦,畦宽1米,长6米左右。然后将穴盘或营养钵摆放在畦内。育苗畦以东西延长为佳。

(3)营养土配制。蛭石30%、草炭70%,每立方米基质中加三元复合肥1千克,加烘干消毒鸡粪5千克,混匀(用于穴盘育苗)。

用以下方法配制:腐熟厩肥50%,未种过茄科作物的疏松园土50%,每立方营养土中加10千克草木灰,1千克三元复合肥;过筛后混合均匀。

营养土消毒:用50%福美双可湿性粉剂,25%甲霜灵可湿性粉剂等量混合,每立方米用药80克混合药粉,或用蒸汽消毒更好,可以购置专用的蒸气消毒机进行消毒。

(4)播种。根据栽培季节、气候条件、生产条件、育苗选择适宜的播种期;亩用种量20～30克,每平方米播种量10～15克;播种前浇足底水,湿润至床土深10厘米,水渗下后用营养土铺一层,找平床面后播种,然后覆盖细土0.5厘米厚。

(5)苗期管理。

出苗前的管理:白天高温天气要进行遮阴,床温不宜超过30℃,雨天加盖薄膜防雨。育苗期间不要使夜温过高。播种后出苗前苗床土要保持湿润,不能见干,畦面可覆盖草苫进行保湿。

分苗:在2～3片真叶时进行分苗。将幼苗分入事先调制好营养土的分苗床中,行距12～13厘米,株距12～13厘米,也可分入直径10～12厘米的营养钵中。

分苗后的管理：分苗后缓苗期间，午间应适当遮阴，白天床温25～30℃，夜间18～20℃；缓苗后白天25℃左右，夜间15～18℃。定植前数天，适当降低床温锻炼秧苗。

壮苗标准：番茄壮苗的适宜生理苗龄为八叶一心，达到这一适宜生理苗龄需要的日历苗龄，因育苗方式不同而有所差异，一般冷床育苗需要60～70天。衡量适龄壮苗的标准可分为外部形态标准和生理生化标准。具体介绍如下：①外部形态标准：番茄适龄壮苗形态特征是秧苗健壮，株顶平而不突出，高度15厘米左右；叶色偏深绿，茎粗壮，横径0.6～1厘米，节间短；茎、叶茸毛多；第一花序现蕾但未开放；根系发达，侧根数量多，呈白色；无病虫害。②生理生化标准：a. 光合能力强。这是反映秧苗的一项重要生理指标。b. 根系活性大。首先是根系体积大，可更多地吸收水肥；其次是根系吸收水肥的活跃程度高。c. 叶绿素含量高。表明叶片中含有的叶绿素密度大，潜在的光合作用强。d. 碳氮比适宜。碳氮比适宜的秧苗生长健壮，能较早开花结果。秧苗生理生化性状直接影响到秧苗的生长发育。具体表现在定植后的缓苗速度，植株抗逆性程度及其最后蔬菜产量的高低等方面。

3. 定植

结合整地施肥。在施肥时氮、磷、钾合理的配合比例为1∶1∶2，亩施腐熟有机肥3 000～5 000千克，配合施入过磷酸钙25千克，钾肥20千克(或草木灰80千克)。

4. 田间管理

(1)整枝、搭架、绑蔓。及时搭支架、绑蔓、整枝打杈、中耕除草、摘除枯黄病叶、老叶等。整枝方式主要有两种，一种是只留主干，侧枝全部摘除(侧枝长到4～7厘米时摘除为宜)称为单干式整枝；另一种是除留主干外再留第一花序下的侧枝，其余侧枝全部摘除,称为双干整枝。不管采用哪种整枝方式,都要注意及时绑蔓。

(2)保花保果。为防止落花落果,可于花期用10～20毫克/千克,2,4-D药液浸花或涂花,或用20～30毫克/千克的番茄灵喷花。植株生长中后期,下部的老叶可适当摘除,以减少养分消耗,改善通风透光;无限生长型品种在4～5穗果后要及时打顶,提高坐果率,促进果实成熟。

(3)肥水管理。番茄生长期适当追肥,不可偏施氮肥,配合磷钾肥。一般于定植缓苗后施催苗肥,促茎叶生长。第一穗果开始膨大时,结合浇水开沟追尿素10～20千克、硫酸钾3～5千克,促果实膨大,第二穗果坐稳后,开沟或穴施硫酸铵15～20千克、硫酸钾5千克,以后每穗果追1次肥。在果实生长期间用1.5%过磷酸钙或0.3%磷酸二氢钾溶液进行叶面追肥,有利于果实成熟,提高产量。定植缓苗后需中耕保墒,第一花序开花期间应控制灌水,防止因茎叶生长过旺引起落花落果。第一穗果坐果后,植株需水较多,应及时灌溉。

5. 病虫害防治

按照"预防为主,综合防治"的方针,坚持以"农业防治、物理防治、生物防治为主,化学防治为辅"的原则,不得施用国家明令禁止的剧毒、高毒、高残留农药及其混配农药。

(1)选用抗(耐)病的丰产良种。

(2)轮作倒茬。合理轮作,避免与茄科蔬菜轮作、可与草莓或葫芦科蔬菜轮作。

(3)合理施肥。注意使用有机肥,增施磷钾肥。

(4)培育无病虫壮苗。推广使用营养钵、营养块、穴盘育苗。

(5)高畦深沟栽培,加强田间管理。实行窄畦、深沟、高垄栽培,做到三沟配套,排水良好,切忌大水漫灌。在生长前期,田间以湿润为主,中后期见干见湿。全膜覆盖,采用滴灌技术灌溉,在定植幼苗后，垄面及暗沟用超薄膜覆盖，采用软管、渗管等滴灌技术灌溉。

(6)利用黄板、银灰色膜来诱杀蚜虫、白粉虱的成虫。还可利用防虫网，来防治多种害虫。

(7)药剂防治

防治害虫。在害虫低龄防治，可用2.5%的敌杀死乳油2 000倍液、20%的速灭杀丁乳油2 000倍液、20%的灭扫利乳油2 000倍液喷雾。

防治病害。在病害发病初期防治，可用65%的甲霉灵600倍液、50%的多霉灵700倍液、64%的杀毒矾500倍液、58%的瑞毒锰锌600倍液、50%的农利灵1 000倍液、50%的敌菌灵500倍液喷雾。喷药后应注意放风降湿，并适当控制浇水。也可每亩地用10%的速克灵、45%的百菌清烟剂250～300克，棚内分布8～10个点，用暗火点烧后封闭大棚，熏烟3～4小时进行防治。

6. 适时采收

采收的标准是：果实充分膨大，果皮由绿变黄或红。要选择无露水时采收。夏秋露地栽培的必须在初霜前采收完毕。采收过程中所用工具要清洁、卫生、无污染。

二、番茄棚室越夏栽培技术

(一)品种选择

越夏番茄的生育期在5—10月，上市采收期7—10月，这一时期正值高温多雨季节，对番茄的生长极为不利，因此，对品种的选择要求严格。选择生长势强，高抗病毒病、耐热、干物质含量高、耐贮运、不裂果、品质好的品种。

(二)培育优质壮苗

越夏番茄的育苗期在3月中旬至4月中旬，苗龄30天左右。

1. 育苗前准备

干净的菜园土50%，腐熟的堆肥或农家肥45%，过磷酸钙5%。

2. 播种及播种后的管理

播前将种子用55℃温水浸种15分钟，再用清水浸泡4～6小时捞出沥干不需催芽。营养钵内浇足底水，水渗后播种，一钵一粒，播种后覆盖营养土0.8～1厘米，在拱架上先覆盖防虫网后覆薄膜。播种后出苗前白天温度25～28℃，夜间16～20℃，子叶展平后，白天25～28℃，夜间15～17℃，20天后长至二叶一心时，喷施助壮素1次，定植前用72%普力克800倍和10%吡虫啉1 500倍液喷施1次。当心叶由浅绿转为深绿时，适量浇水。定植时秧苗4～5片真叶，苗高16～18厘米，茎粗0.6～0.8厘米，秧苗健壮，没被蚜虫等叮咬。

(三)定植前准备

1. 棚室消毒及施肥

上茬拉秧后及时清除病残体，每亩用硫黄粉3千克，加80%敌敌畏乳油0.5千克，拌锯末，分堆点燃，密闭24小时以上。在彻底清除上茬病残体及杂草后，每亩施发酵好的有机肥3 000～5 000千克，番茄专用肥100千克均匀撒施地面后深翻35～40厘米，连翻2次，并适量喷水，使土壤持水量达60%左右(土壤潮湿但不黏)，然后覆上新地膜，密闭棚室。3周后放风揭膜，换气，可有效地起到土壤杀虫、杀菌、杀线虫的作用。

2. 安装防虫网和遮阳网

在棚室上下两道通风口处加设防虫网，阻隔蚜虫、白粉虱及棉铃虫进入室内。上风口安装1米宽、下风口安装1.5米宽、40目的防虫网。为确保番茄越夏安全，安装好遮阳率为50%～

60%的遮阳网。

3. 整地做畦

地面搂平开沟，大行距 90 厘米，小行距 60 厘米，沟深 15 厘米，每亩沟施生物菌肥 50 千克，施完沟肥后用镐刨一遍，使菌肥与土充分混匀。

(四)定植后管理

1. 定植

定植前沟内浇足水，将苗栽入沟内，土坨表面比地面高出 5 厘米，株距 50 厘米。

2. 中耕培土

番茄定植后，在管理上以促为主不蹲苗。定植后 4～5 天及时浇缓苗水并进行中耕松土，划土保墒，消灭杂草，促根系发育。结合中耕进行培土，每隔 3～5 天浇 1 次水，每次浇水后地皮稍干进行中耕培土，经 2～3 次培土后，使垄高达到 25 厘米。

3. 温度管理

定植后正值高温天气，晴天打开上下通风口，室温达 30℃时用遮阳网(遮阳时间一般在 11:00～15:00)，并在垄沟铺施 10 厘米的稻草，以降低地面温度。雨天关闭通风口，防止雨水进入室内。白天温度保持在 25～30℃，夜间 16～20℃，湿度控制在 50%～65%。

4. 水肥管理

浇水是番茄越夏栽培成败的关键措施之一。缓苗后至坐果前，若晴好天气，沙壤土 3～5 天浇一次水，黏壤土 5～7 天浇 1 次水，遇有阴雨天时沙壤土 7～10 天，黏壤土 10～15 天浇 1 次水，禁止大水漫灌。浇水宜在傍晚或早晨进行。当第二穗果坐住并开始膨大时，5～7 天浇 1 次水，结合浇水追施氮、磷、钾含量为15：15：15的复合肥30～35千克/亩，以后每坐住一穗果追肥1次。每7～10天叶面追肥1次，可喷施0.3%磷酸二氢钾、宝力丰2号等，以满足坐果及果实膨大的需要。

5. 吊蔓与植株调整

当苗高30厘米时，用麻袋线或撕裂膜诱引吊蔓。遇连续高温天气出现徒长时，喷施助壮素1～2次，可有效控制徒长。摘除腋芽，采取单秆整枝，下位节的腋芽和花穗下的腋芽，要及早摘除。对于小苗定植的和生长势强的品种，要留3根腋芽来调节长势。第三穗开花、结果以后就不再留有腋芽。特别是花穗下的腋芽要及早摘除。当第六穗果坐住后，留2～3片叶摘心，侧枝全部打掉。当长势过旺时，叶片又大又长，覆盖果实，最好摘除覆盖果实的复叶或摘除半片。此外，在收获开始后，摘除已收果穗下的叶，使通风良好，以防止病虫害的发生。

6. 疏花保果

为在高温下提高坐果率，在喷花前一天先浇水，然后用30～40毫克/千克番茄灵水溶液喷花，以保持柱头湿润，提高坐果率。为提高商品率，第一穗留3～4个果，第二穗以上留4～5个果，将多余的特别是第一朵和末梢的小花及局部密集的小花疏掉。避免出现大小果和畸形果。

(五)病虫害防治

1. 病害

主要有茎基腐病、病毒病、早疫病、晚疫病、溃疡病、叶霉病和脐腐病。这些病害主要发生在疏于管理的地块。高温高湿、高温干旱、田间积水、氮肥施入过量、连续阴雨、种植过密、土壤缺钙等容易导致这些病害的发生。因此，在栽培上加强田间管理，通过采取通风，适度遮阳，适时适量浇水，行间铺草，合理密植，平衡施肥等综合配套技术，并根据不同病害易发生的时间，及早打药预防，可有效控制各种病害的发生发展。

2. 虫害

主要有蚜虫、白粉虱和潜叶蝇，通过应用防虫网、棚室熏蒸等措施，可有效地控制这些害虫的危害，若室内仍有以上害虫发生，可采用黄板诱杀或用25%阿克泰3 000倍液或1.8%阿维菌素3 000倍液喷杀，7～10天1次，连喷2～3次。

(六)采收

果实由橙黄转大红色时采收。收获时用剪刀贴近萼片部位剪断果柄，留住萼片，然后用软毛巾擦拭干净，按客户要求包装。

三、番茄生产中常见问题及解决办法

(一)番茄空洞果形成的原因及防治措施

1. 番茄空洞果发生的原因

(1)品种的心室数目少。心室数目少的品种易发生番茄空洞果，一般早熟品种心室数目少，中晚熟的大果型品种心室数目多。

(2)受精不良。花粉形成遇到35℃的高温，且持续时间较长，授粉受精不良，果实发育中果肉组织的细胞分裂和种子成熟加快，与果实生长不协调也会形成空洞果。

(3)激素使用不当。激素蘸花用药浓度过大，重复蘸花或蘸花时花蕾幼小都易产生空洞果。

(4)光照不足。由于光合产物减少，向果实内运送的养分供不应求，造成生长不协调形成空洞果。

(5)疏于管理。盛果期和生长后期肥水不足营养跟不上，光合产物积累少，也会出现空洞果。

(6)迟开花果。同一花序中迟开形成的果实，由于营养物质供不上易形成空洞果。

2. 防止措施

(1)选用心室多的品种。

(2)合理使用激素。每个花序有 2/3 花开时,喷施激素,防落素浓度为 15～25 毫克/千克,或番茄灵蘸花 25～40 毫克/千克等,不要重复使用,在高温季节应相应地降低浓度。

(3)施足基肥。采用配方施肥技术,合理分配氮、磷、钾,调节好根冠比,使植株营养生长与生殖生长协调平衡发展。结果盛期,及时追足肥、浇足水,满足番茄营养需要,若有早衰现象要及时进行叶面喷肥。

(4)合理调控光照和温度,创造果实发育的良好环境条件。苗期和结果期温度不宜过高,特别是苗期要防止夜温过高、光照不足,开花期要避免 35℃以上的高温对授粉的危害。授粉期间温度最好维持在 28℃左右。

(5)防止用小苗龄的苗子定植。小苗定植根旺,吸收力强,氮素营养过剩也易形成空洞果。

(6)适时摘心。摘心不宜过早,使植株营养生长和生殖生长协调发展。

(二)解决温室番茄重茬关键技术

1. 空闲季节温室处理

(1)雨水淋浴降盐。前茬番茄收获后,清洁田园,揭开温室棚膜,通过日晒雨淋,降低温室土壤盐渍化程度。

(2)深翻有机肥。在下茬番茄定植前 1 个月进行整地施肥,亩施腐熟有机肥 10 000 千克,深翻土壤 50～60 厘米。

(3)盖膜消毒。消毒前利用旧塑料棚膜盖棚,同时覆盖地膜棚膜,大水漫灌土壤。

①太阳消毒法。消毒前,偏酸性土壤亩施 100 千克石灰,偏碱性土壤可加入碎稻草、秸秆、牛粪等,然后深翻土壤 50～60 厘

米，灌大水，再盖膜，密闭暴晒15～25天，可有效预防青枯病、枯萎病、软腐病等土传病害，杀死线虫及其他虫卵，并且能够有效缓解土壤酸化和土壤盐渍化程度。

②药剂消毒法。可浇福尔马林100～200倍液，盖棚5天，待药剂完全挥发后整地定植。可用22%的敌敌畏乳油或灭蚜烟雾剂熏棚，防治蚜虫、白粉虱等害虫。

2. 品种选择

选择丰产性好、连续坐果能力强、耐低温、弱光，适宜越冬温室长季节栽培、生育期长、植株生长健壮、抗病能力强、果实硬度高、耐贮藏的品种。

3. 采用高垄覆膜栽培法

南北向起垄，垄高15～20厘米，每垄种植2行，1.4米一带。采用膜下灌溉、滴灌等方法，既能保证番茄生长所需水分，又可减少水分蒸发，降低温室湿度，还可抑制土表积盐。

4. 推行健身栽培措施

定植密度为每亩温室2 000～2 200株，及时整枝、打杈、吊蔓、绑蔓，防倒伏，及时摘除病叶、病花果，摘除下部失去功能的老叶，改善通风、透光条件，控制病害发生，科学浇水，在保证番茄水分的需求下，减少浇水次数，降低温室湿度。冬春季节，温室管理应以温度管理为中心，白天温度保持25～30℃，夜晚保持10～15℃，昼夜温差控制在10～15℃，结合温度管理进行放风。

5. 科学防治病虫害

在高温季节可在温室的放风口覆盖防虫网，室内悬挂黄板诱杀蚜虫和白粉虱，或用烟雾剂熏蒸防治。真菌性病害如晚疫病、绵疫病、灰霉病、早疫病、叶霉病、斑枯病、灰斑病等，可用80%大生M-45可湿性粉剂、50%扑海因可湿性粉剂等杀菌剂，每10～15天喷药1次。预防细菌病害，如细菌青枯病、软腐病，可用47%加瑞农可湿性粉剂500倍液灌根，或用25%青枯灵可湿性粉剂500倍液喷雾防治，以控制病害发展。

第四节 茄子栽培技术

一、温室茄子高产栽培技术

(一)育苗

冬春茬日光温室茄子定植时间一般在8月中下旬，播种时间是在6月上旬。采取先育苗、后嫁接的育苗方法，先播砧木，后播接穗，砧木苗出齐后播接穗。当托鲁巴姆2叶1心时，移到营养钵中。接穗2叶1心，移到营养钵中，砧木长到7～9片叶，茎半木质化时接穗长到6～7片叶时，采用劈接的方法进行嫁接。嫁接15天后就可定植。

(二)整地施肥

定植前要施足底肥，深翻，亩施农家肥4 000～5 000千克，磷酸二铵45～50千克，硫酸钾15～20千克，平铺深翻40厘米，做到全面施肥。

(三)适时定植，合理密植

8月中下旬开始定植。定植前南北向起垄做台，台底宽100厘米，台面宽80～85厘米，台高18～20厘米，作业沟50厘米。台上定植2行，行距60～70厘米，株距45～50厘米，亩保苗1 600～1 700株。定植时嫁接苗接口处高于台面3厘米左右，定植后在台上顺苗行铺两条微喷管，覆好地膜，浇透水。

(四)田间管理

1. 温度管理

定植初期,需要一定的高温,白天温度控制在25～29℃,夜温不低于18℃。缓苗后,白天温度控制在23～28℃,夜温16～20℃,最低温度不低于13℃,有利于开花结果。

2. 肥水管理

定植前施足底肥和浇透水后,门茄坐果前不浇水。当门茄进入瞪眼期开始浇水,同时追肥。追肥以磷、钾为主。亩追磷酸二铵8千克,生物钾肥6千克,磷酸二氢钾3千克,当进入盛果期后施肥量可适当增加。浇水根据日光温室内温度和土壤水分状况而定,当地温低于16℃时,20天浇1次水,追1次肥,超过20℃时,8～10天浇1次,追1次肥。

3. 植株调整

缓苗后,打去门茄下侧枝,开始吊秧,防止倒伏。采取双秆整枝,两个主秆上每结一个茄子,茄子下边留一个侧枝,每个侧枝留一个茄子,在茄子上边留2片叶后摘心,同时去掉其他侧枝,在整个生长期内管理以此类推。

4. 喷花保果

使用激素处理时,可选农大丰产剂2号或茄子丰收素,按说明对水后,用小喷雾器进行喷花,即可保花坐果,还能促进果实迅速膨大。

5. 增加光照

为增加光照,日光温室要使用聚氯乙烯无滴膜,每天掀起草帘子后,扫去膜上的草和杂物,增加透光率;合理延长光照时间,在保温的前提下,尽量早揭帘,晚放帘;及时剪掉老叶,病叶、黄叶,以便通风透光。

(五)主要病虫害防治

1. 灰霉病

喷花时药液加入0.1%的速克灵或农利灵，发病初期开始喷洒3%多氧清水剂900倍液或509毛腐霉利可湿性粉剂1 500倍液进行防治。

2. 病毒病

控制虫传，避免高温干旱。喷施爱多收6 000倍液或植保素7 500倍液，增加植株抗病能力。发现病株后，用2%宁南霉素水剂500倍液或20%病毒A可湿性粉剂500倍液，或用20%病毒克星500倍液等药剂喷雾。每5～7天喷1次，连续2～3次。

3. 黄萎病

此病为土传性病害，表现为半边叶或半边植株发病，茎部维管束变褐，以后全株枯死或矮化。

从以下几方面进行防治。

(1)进行轮作。

(2)种子消毒。

(3)发病前选用55%敌克松600倍液、40%根腐宁600倍液、50%根病大扫除800倍液或30%枯萎灵500倍液灌根，6～10天1次，连续3～4次。发病后及时拔除病株烧毁，并撒上石灰。对健康株施药防治。

(4)利用嫁接苗种植，可以较好地防止此病发生。

4. 茶黄螨

用73%克螨特2 000～3 000倍液、20%螨克1 000～1 500倍液、40%螨奥美1 500～3 000倍液、34%金片速螨唑1 500～3 000倍液进行喷雾防治。

二、茄子大拱棚早熟栽培技术

(一)品种选择

选择耐弱光、低温、易坐果、抗病性强的早熟品种。

(二)培育壮苗

壮苗条件:7～8片真叶,高12～13厘米,茎粗0.3～0.4厘米,根系发达,初现花蕾,苗龄80天左右。

(三)定植

定植时浇足水,定植后及时盖地膜。

(四)管理

1. 缓苗期管理

定植后10～15天,白天控温28～32℃,夜间15～20℃,促进茄苗发根。此间一般不放风,垄间中耕保墒增温。

2. 结果前期管理

茄子缓苗后,白天控温25～30℃,夜间15～18℃,门茄坐住前一般不浇水,门茄坐住后及时追肥浇水。门茄开花期温度较低,可用20毫克/千克的2,4-D蘸花,防止落花落果。

3. 结果期管理

门茄采摘后,茄子进入结果期,加强管理是提高茄子产量的关键。外界气温高于20℃时,应揭膜通风,浇水应8～10天1次,结合浇水以水冲肥,追肥除三元复合肥、尿素、硫酸钾外,也可施入人粪尿。不宜施过多磷肥,以防果皮变硬,降低品质,及时摘除植株下部老叶及门茄以下侧枝,以利通风透光。

(五)采收

为提早上市,提高经济效益,门茄、对茄可适时早收。

三、茄子嫁接高产栽培技术

茄子嫁接技术是采用野生植物作为嫁接砧木，将茄苗嫁接在砧木上的一项技术。茄子(特别是连作茄子)栽培经常受土传病害的危害，造成产量降低和品质下降。嫁接后的茄子不仅可有效地防止土传病害(主要是黄萎病、青枯病、立枯病、根结线虫病)的侵害，而且产量特别高，是普通茄子的2～4倍。嫁接茄子不仅产量高而且品质好，嫁接的茄子果个大，单果重400克左右，大的800～1 000克。

(一)砧木的选择

1. 赤茄

又称红茄、平茄，是最早开始使用的砧木，为第1代品种。用它做砧木主要是抗枯萎病，中抗黄萎病(防效可达80%)，嫁接苗植株根系发达、茎粗壮、节间较短、茎及叶面上有刺。赤茄种子外形似辣椒籽，易发芽，幼苗生长速度同普通茄子。采用劈接或斜接方法，用赤茄做砧木只需比接穗早7天播种，发病轻的地块和初学者可选择赤茄，土传病害严重的地块不宜使用。

2. CRP

CRP是根据产地命名的茄子嫁接砧木品种，抗黄萎病超过赤茄，是第2代品种，该砧木为野生茄科植物。茎叶刺较多，所以也叫刺茄。CRP高抗黄萎病(防效在93%以上)，目前我国北方普遍使用。种子易发芽，浸泡24小时后约10天可全部发芽。刺茄较耐低温，适合秋冬季温室嫁接栽培。刺茄做砧木需比接穗早播5～20天。苗期如遇寡照多湿条件易发生绿霉病。CRP嫁接的茄子在设施栽培条件下亩产可达15 000千克，深受广大菜农欢迎。

3. 托鲁巴姆

来源于日本，由口语翻译而得名，是第3代品种，是目前最常用的砧木。能同时抗茄子黄萎病、枯萎病、青枯病、线虫病等土传病害，可达到高抗或免疫程度。兼具耐低温干旱、耐湿的特点，是目前生产上大面积推广的较好的砧木。根系发达，植株长势极强，节间较长，茎及叶面上有少量的刺。种子在采收后具有较强的休眠性，种子出土后前期幼苗生长缓慢，当植株3～4片真叶后，生长才比较正常。因此，托鲁巴姆做砧木时，需比接穗早播种25～30天。托鲁巴姆种子极小，一般情况下不易发芽，需催芽，浸种时用赤霉素100～200毫克/千克浸泡24小时，再用清水浸洗干净，放入小纱网袋再装入布袋，置于恒温箱中，采用30℃、8小时，20℃、16小时反复变温处理。同时每天用清水冲洗1次种子，5～6天即可出芽。超托鲁巴姆是从托鲁巴姆群体中筛选出来的抗病新品系，同时抗多种土传病害，抗病性与托鲁巴姆相近。

(二)适期播种

越冬茬茄子一般在8月下旬播种。为使砧木和接穗的最适嫁接苗期协调一致，砧木应比接穗提前播种。

(三)嫁接方法

1. 劈接

砧木苗长到5～6片真叶时嫁接。先将砧木保留1～2片真叶，用刀片横切砧木茎，去掉上部，再由茎中间劈开，向下纵切1.0～1.5厘米，然后将接穗拔下，保留上部2～3片真叶，用刀片切掉下部，把上部切口处削成楔形，楔形的大小应与砧木切口相当，随即将接穗插入砧木中，对齐后用夹子固定。

2. 靠接

砧木苗长到5～6片真叶时嫁接。先将砧木保留1～2片真叶,用刀片在真叶的上方节间斜削,形成30°左右的斜面,斜面长1.0～1.5厘米,再将接穗拔下,保留上端2～3片真叶,用刀片切掉根端,把上端削成与砧木相反的斜面,接穗斜面大小与砧木斜面相当,然后再将砧木斜面与接穗斜面贴合,用夹子固定。

(四)嫁接苗管理

嫁接后将苗移入小拱棚内,充分浇水,小拱棚内地面也浇足水,小拱棚上覆盖塑料薄膜呈密闭状态,6～7天内不通风,保持95%以上的湿度。白天温度25～26℃,夜间20～22℃。为防止高湿和保持棚内湿度,需在小拱棚外塑料薄膜上边覆盖草帘或纸被,并稍揭开两侧塑料通风,一开始通风要小,后逐渐加大。通风期间棚内要保持较高的空气湿度,地面经常浇水,完全成活后转入正常管理。成活后及时去掉砧木萌发出的侧芽,待接口愈合牢固后去掉夹子。

(五)定植及初期管理

亩施农家肥5 000～6 000千克。农家肥的2/3施于地面,再翻入土壤中,粪土混合均匀。其余的1/3开沟后和化肥一起施入定植沟中,化肥可施入适量的磷酸二铵。整地时以70厘米为宽行,50厘米为窄行,整成15～20厘米高的高畦。均采用地膜覆盖,在窄行中间开一沟,以便膜下灌水,覆膜时尽量早一些。定植时,土温需达15℃以上。冬春茬茄子一般在10月中下旬定植,株距35厘米,亩栽3 200～3 500株。定植时选择晴好的天气,先打孔浇温水,再放入苗坨。水渗下去后覆土封堰,注意嫁接刀口位置要高于垄面或畦面一定距离,以防接穗扎根受到二次侵染致病。为加强保温,可用地膜扣小拱棚,缓苗后温度够用就可撤掉。定植后注意密闭保温不放风,一周即可缓苗。

(六)缓苗后的温度管理

上午温度保持在25～30℃,当超过30℃时应适当放风,下午温度28～30℃，低于25℃时就关风口，保持20℃以上，夜间15℃左右。在温度稳定在18℃前尽量少浇水，直到门茄膨大才能开始灌水。

(七)开花结果期管理

1. 生长素蘸花

为了保证门茄坐果，防止落花和发生僵果，促进果实迅速膨大，需对门茄进行生长素蘸花。一般定植后15～30天门茄开花，在花朵开放一半时用30～40毫克/升的2,4-D蘸花。在蘸花时每千克药液中加入1克速克灵或扑海因或农利灵，既可防病又可防落花，促进早熟。一般用毛笔蘸2,4-D溶液涂抹花萼和花朵，也可用防落素溶液喷花。

2. 整枝打叶

嫁接茄子生长势强，生长期长，可采用双秆整枝（“V”形整枝），有利于后期群体受光，即将门茄下第一侧枝保留，形成双秆，其他侧枝除掉。上面的摘心要晚些，根据植株的生长状况而定。在生长过程中要把病叶、老叶及时摘掉，可通风、透光、防病、防烂果，尤其到后期结果位置升高，下部的老叶要及时处理，同时也要去掉砧木上发出的叶片。

3. 追肥灌水

当门茄果实开始膨大时，是追肥的最佳时期，亩混合穴施尿素10千克、硫酸钾7.5千克、磷酸二铵5千克混合穴施，并结合施肥进行浇水。在门茄膨大前不浇水，实行膜下灌水。浇水后闭棚1小时再放风排湿。第二次追肥在对茄开始膨大时，追肥数量、种类及方法同第一次，再次追肥间隔10～15天。以后是否再追肥视植株的生长势及生长期的长短而定。

4. 温光管理

此期的温度管理，上午25～30℃，下午20～28℃，前半夜

13～20℃，后半夜10～13℃，土壤温度保持15～20℃，不能低于3℃。低于15℃时，为了提高土温，中午的气温可比常规管理提高2～3℃。如果植株长势较旺就适当降温，尤其是降低夜间气温。植株长势较弱就应适当提高温度。如遇阴天，日照不足，棚室温度要低一些。在阴雪寒冷天气必须坚持尽量揭苫见光和短时间少量通风。连阴后晴天温度调节不能骤然升高，发现萎蔫须回苫遮阴。有条件的可用喷雾器往植株上喷清水，使叶面保持水分，减少蒸发，也能缓解萎蔫。浇水后闭棚1小时，增加温度，并在中午加大放风排湿。在光照管理上应注意每天用干净的拖布清洁棚膜，在温室内还可以张挂反光幕等。

5. 采收期管理

茄子果实达到商品成熟时要适时采收，不但品质好，而且不影响上部果实的发育。采收标准依据果实萼片下面一段果实颜色特别浅的部分，这段果皮越长，说明果实正在生长，以后逐渐缩短，颜色不显著时应及时采收。如采收过早影响产量，过晚果实内种子发育耗掉养分较多，不但品质下降，还影响上部果实生长发育。一般茄身长势过旺时应适当晚采收，长势弱时早采收。采收时间最好选择下午或傍晚进行，上午枝条脆，易折断，中午果实含水量低，品质差。

四、茄子生产中常见问题及解决方法

（一）保护地茄子落花原因及防治技术

1. 长期弱光

弱光条件下植株光合作用差，易形成较多的短花柱而导致落花。对策：晴天草苫早揭晚盖延长光照时间，阴天也应揭苫吸收散射光，阴雨天缩短揭苫时间，但不能不揭。日光温室后墙挂反光幕，拱式大棚地面铺反光地膜，晚上用日光灯补光。

2. 晚上高温

晚上高温易形成短花柱而落花,特别是育苗期晚上高温,花芽会提前分化,易形成短花柱而落花。对策:将温度降到15～17℃。

3. 植株长势弱

生长比较弱的植株所开的花,花梗细,花瘦小,花柱短易落花。对策:花前补三十烷醇加硼肥。定植时淘汰弱小苗和僵苗,选壮苗。摘掉门茄花朵,人为延长营养生长期,同时增施肥料,促根壮秧,对以后坐的果,根据植株生长情况,实行限果管理。

4. 土壤干旱

空气干燥,对土壤中肥料浓度过大,盐分在土表积聚,叶呈镶金边状,花生长发育受阻或落花或干枯。对策:及时灌水解盐,使土壤保持湿润。施肥量一次不宜过大,做到"少食多餐"。

5. 营养生长过旺

徒长植株开的花易落,这是叶片制造的养分被茎叶争夺造成的。对策:喷施磷钾肥,门茄瞪眼前适时蹲苗,蹲苗期适当控水控肥,中耕松土,使营养生长转到生殖生长,喷施天然芸薹素,平衡营养生长和生殖生长。

6. 空气湿度大

空气相对湿度长期在85%以上,易发生灰霉病、绵疫病,导致花朵授粉困难,用激素处理也易落花或落果。对策:注意按时通风排湿,避免大水浸灌增加湿度,防病最好采用粉尘法或烟雾剂施药。激素药液内加入1%的速克灵或扑海因。

(二)保护地茄子畸形果防治技术

(1)用激素处理花朵时间把握不准而形成僵果。激素处理花朵最佳时间只有3天,即开花的当天和开放前2天,提前处理易形成僵茄。对策:当茄子花朵全部变紫色到开放共为3天,均可用激素处理,但以开放当天处理最佳。

(2)激素浓度过大易形成畸形果。对策:激素处理花朵时浓度一般要求为0.003%,但应灵活处理,即气温高时稍淡;气温低时稍浓。当外界气温低于15℃时,浓度以0.004%~0.005%为宜。

(3)生长比较弱的植株上开的花,花梗细,花瘦小,即使用激素处理,也会形成僵果。对策:定植时淘汰小苗和僵苗,选壮苗。摘掉门茄花朵,人为延长生长期,同时增施硼钙肥,促根壮秧,对以后坐的果根据植株生长情况,实行限果管理。

(4)营养生长过旺的徒长株所开的花,即使用激素处理也会形成畸形果。由于营养生长过旺,叶片制造的养分被茎叶争夺,抵制了生殖生长。对策:门茄瞪眼前适时蹲苗,蹲苗期适当控水控肥,中耕松土,使营养生长及时转到生殖生长,喷施芸薹素也可平衡茄子的营养生长和生殖生长。

(5)在高温条件下用激素处理花朵易形成畸形果。对策:温度超过30℃应停止处理花朵,对当天开放的花务必在上午气温30℃以下时处理完毕,对未开放的变紫花朵,上午10点前处理不完的可在下午4点后继续处理。

第五节 辣椒栽培技术

一、大棚秋椒延后高效栽培技术

(一)选用适合于秋延后栽培的优良品种

秋延后辣椒栽培要求品种抗逆性强,耐高温高湿,高抗病毒病,耐热、抗寒性强,株型紧凑,挂果率高、坐果集中,丰产性好,果大肉厚,红熟速度快,整齐坚韧、耐贮运,青红椒颜色鲜艳。

(二)培育适龄优质壮苗

1. 育苗方式

采用小拱棚遮阴、降温、防暴雨,营养钵或营养土块育苗。

2. 育苗适期

秋延后辣椒的育苗要求比较严格,适宜播种期为7月中下旬。播种过早,苗期持续高温多雨的时间长,幼苗长势旺,容易徒长,病毒病发生严重。播种过迟,病毒病虽然发病轻,但后期温度低,植株上层果实生育期及积温不够,影响产量和品质。

3. 营养土配制

有机肥与田土的配比为6∶4,营养土还需加入磷酸二铵或复合肥1～1.5千克/立方米,硫酸钾1.5千克/立方米,多菌灵0.08～0.1千克/立方米,粪土、肥要充分掺匀,同时用辛硫磷等喷雾,处理完毕后,堆2天即可装钵使用。

4. 种子处理

(1)晒种。选择晴天上午9时到下午3时,将种子薄薄摊在芦席上,在通风的地方晒1天,切记不要把种子摊在铁器、石板、水泥地或塑料薄膜上晒种,以免烫坏种子。

(2)浸种。将晒好的种子装在纱布中(只装半袋,以便搅动种子),然后放在55～56℃的热水中,水量为种子量的5～6倍,浸15分钟,然后水温逐渐下降至30℃,再用10克的磷酸钠水溶液(或0.5%的高锰酸钾溶液),浸泡15分钟,用清水冲洗。

(3)催芽。将药液浸钟后的辣椒种子用湿纱布包好,置于24～30℃的环境中(夏季可放在屋内地面上)催芽3～4天即可。

5. 播种育苗

播种前,按所需的育苗面积建造苗床,把装过营养土的营养钵(紧靠着摆入苗床,浇足底水,要完全浸透营钵;待水下落后,即可将催过芽(或未经催芽只浸种消毒过)的辣椒种子均匀摆播在营养钵中间,每个营养钵播1粒种子,用营养土覆盖0.5～1厘米厚,同时把营养钵播或营养土块间的缝隙弥严。在苗床上面先用地膜覆盖保湿,再搭小拱棚盖膜防雨淋,上面加盖遮阳网(或覆盖草苫等覆盖物)遮阴降温。四周盖防虫网,防虫防病毒。

6. 苗期管理

在辣椒苗破土70%时,应立即把苗床上的地膜、草苫等覆盖物揭掉。为预防猝倒和立枯病的发生,可用75%敌克松或75%百菌清或甲基托布津等杀菌剂500倍液喷一遍,然后覆盖1层营养土。以后要见湿见干,严防苗徒长。如果苗子成长出现缺肥症状,可结合浇水喷2～3次营养液,此期要及时松土除草,以利于肥水的渗入和改善土壤的通气状况,促进根系生长。

(三)适时定植

整地时施入腐熟有机肥2 000～3 000千克/亩,再施尿素20千克/亩,磷酸二铵10～20千克/亩,钾肥30千克/亩。将全部有机肥及化肥和农药的2/3撒施,深翻25～30厘米。整平后做畦,定植一般在处暑前后完成。定植前先搭好塑料棚并在前1天先将苗床灌1次透水,有利于起苗和防止伤根;用20%病毒A100倍液喷1遍,可避免病菌随苗带入大田。定植时按33厘米开沟,沟深10厘米,按26～33厘米的株距把苗均匀摆在沟内,封少许土后顺沟浇水,待水渗下后,把沟封平。

(四)定植后棚内管理

1. 温度调控

辣椒定植后外界气温较高,此时应将棚膜四周完全揭起,确保通风透气,由于棚膜的遮光,白天可降低棚内温度。立秋后外界气温适宜于辣椒生长,此时白天26～28℃,夜间16～18℃,以促进辣椒迅速生长及果实膨大。当棚内气温高于15℃时,昼夜可放风，当夜间棚内气温降低至15℃以下时，把膜和棚门盖严，只能在白天气温高时，进行放风，使棚温保持在20～25℃，以利于果实的膨大。

2. 水肥管理

在定植时浇第一次定根水的基础上，定植后3天浇缓苗水。随后及时耕松土，培土封沟，但培土不可过高，以1厘米为宜。培土封沟后要适当蹲苗防植株徒长。当第一层果实达到2～3厘米大小时，植株茎叶和花果同时生长，要及时浇水和追肥，施肥后应及时中耕，改善土壤的通透性，并提高土壤的保肥能力。进入盛果期要加强水肥管理，促进辣椒多结果，增加产量。一般浇水3～4次，追施硝酸磷肥1～2次。

（五）适时采用化学调控及整枝技术

1. 化学调控

当辣椒初花期生长过旺徒长时，可用多效唑、矮壮素或缩节胺等植物生长调节剂进行化控；为提高秋延后大棚辣椒的坐果率，也可用2,4－D或防落素处理，上午10时以前抹花效果较好。

2. 整枝

大棚中生长的辣椒，生长旺盛，株型高大，枝条易折，为作业方便和便于通风透光，可用绳吊枝，用竹竿水平固定植株，防止植株倒伏。对过于细弱的侧枝，以及植株下部的老叶及无果侧枝可以疏剪，以节省养分，有利于通风透光。

二、红干椒无公害栽培技术

（一）选种及晒种

选择适宜本地栽培的适合出口的红干椒品种，播种前15天进行晒种，晒2天。

(二)育苗

1. 育苗前准备

选择无污染、地势平坦、背风向阳、排水良好、距水源近、土质中性的地块做育苗场所。3月初扣棚，育苗床全部采用地上床，床面要比地面高5～10厘米，用备好的苗床土做床。苗床土选用肥沃园田土60%加腐熟无害化堆肥40%，拌匀备用。园田土选用杂草较少的葱蒜茬或玉米田表土，消灭杂草后使用。忌番茄、茄子、辣椒、烤烟茬。园田土应不含化学除草剂或其他有毒物质。

2. 浸种催芽

把种子放入清水中浸泡10分钟，捞出再放入55℃恒温水中进行浸种，并不断搅动，至不烫手为止。浸种6～12小时，捞出后反复冲洗，准备催芽。浸泡好的种子捞出放在纱布包好，置于25～30℃的条件下催芽。每天翻动、投洗2～3次，4～5天后，有60%出芽进即可播种。

3. 播种

选晴天上午或中午进行，先将床土耙平，用温水浇透底水，水下渗后撒一层细干土，防止泡籽。将种子均匀撒于床土上，分两次覆土，第一次薄些，待吸湿后覆第二层，总厚度在0.8～1厘米。播后用地膜覆盖，有30%出苗、50%拱土时将地膜撤掉。

4. 分苗

小苗发出2～3叶时进行分苗，分苗前一天浇透水，分苗时用8厘米×8厘米营养钵，每钵2株，选择大小一致的苗移栽到营养钵内，分苗后浇透缓苗水。

5. 苗期管理

出苗前昼夜温度应保持25～30℃，出苗后白天温度保持在

25℃,夜间温度保持在18~20℃。分苗后缓苗前保温保湿,温度保持在25~30℃,温度不超过30℃时不必放风,温度过高时遮阳降温。缓苗后控温不控水,白天温度保持在22~25℃,夜间温度保持在12℃。缓苗前不浇水,缓苗后缺水应及时补充水分,保持床土见干见湿。缓苗后,视苗长势喷施2~3次叶面肥,间隔10天左右,至定植前7~10天进行炼苗,可开棚放风,由大到小,最后全面揭开,使秧苗能够全面适应外界环境,白天保持20℃左右,夜间维持在10~12℃,控制水分。

(三)定植

1. 选地、选茬

选择土壤疏松肥沃的沙质壤土、黑钙土,保水保肥及排水良好、未使用剧毒、高残留农药的地块。前茬选择豆类、瓜类、葱蒜类蔬菜、玉米等禾本科作物,避免同科作物连作。

2. 整地、施肥、秋翻

结合耕翻亩施优质农家肥2 000千克,尿素12.5千克、磷酸二铵12.5千克、生物钾1.5千克做底肥。

3. 适时定植、合理密植

晚霜过后即可定植,垄宽为65厘米。垄距为30厘米,每埯2株,亩保苗6 000~7 000株,随移栽随浇水,随即覆膜放苗,膜孔封严。

(四)田间管理

1. 科学灌水

辣椒怕涝、较耐旱,本着“三看”(看天、看地、看苗)的原则,少浇勤浇加速促秧封垄,切不可造成田间积水,7—8月雨季到来时注意防涝,及时排水。

2. 打杈掐尖

掐尖是指掐去入秋后新生的分枝和花芽。打杈是指打去门椒下第一侧枝以下到主茎叶腋处以上长出的徒长枝和老叶，打去植株内膛无花蕾的营养枝、徒长枝和已摘掉果实的老枝。打杈要早，本着芽不过指、枝芽不过寸的原则。

3. 追肥

待到挂果期开始追肥，盛果期间重点追肥，门椒幼果膨大期采取刨坑扎眼的方式追肥，亩施尿素 10～15 千克，追施 2～3 次，也可追施叶面肥。

(五)病虫害防治

选用药剂应符合 GB 4285、GB/T 8321 的规定。病毒病用 2%菌克毒克 200 倍液喷叶；疫病用 72%杜邦克露 800 倍液叶喷或 300～400 倍液灌根。蚜虫用 40%菊杀乳油 3 000 倍液进行防治。

(六)采收

椒果完全转红，并且表面有条纹的时候辣味最浓，为最佳收获时期。红一批，采收一批。霜前晴天及时收获。把椒秧连根拔起，码“人”字垛晒到七成干时上垛，并要防雨雪、防霉变。农闲时再摘取椒果，摊开阴干。

三、朝天椒高效栽培技术

(一)选用良种

可选用抗病、抗逆性强，适宜春季、麦茬栽培的优良品种，如子弹头二号、红椒八号等。

(二)培育壮苗

朝天椒宜大苗栽植，苗龄以 60～70 天为宜。为了保证苗壮，应采取阳畦或小拱棚育苗。春椒可在 2 月下旬开始育苗，麦茬椒应在 3 月下旬育苗。苗床土配制后进行消毒，每平方米 15 厘米厚的苗床土掺入 50%的多菌灵可湿性粉剂 20 克，或 70%

的甲基托布津可湿性粉剂 20 克,可防治立枯病、炭疽病。防治地下害虫,每平方米 15 厘米厚的苗床土掺入 2.5%的敌百虫可湿性粉剂 100 克,能杀死蝼蛄、蛴螬等。播种前将种子暴晒 2～3 天,然后用 10%的高锰酸钾水溶液浸泡 15 分钟,再捞出冲洗干净,即可播种。播种后,应对苗床增温,即把地膜封严,提高土壤温度,白天温度控制在 20℃,夜晚温度控制在 10℃,10 天左右即可出苗。苗出土后,及时放风排湿,防止苗旺长,苗棚内白天温度控制在 25～30℃,夜晚温度控制在 15～20℃。由于早春自然光较弱,苗棚内光照普遍不足,应于晴朗的中午前后揭膜,增加光照强度,抵制苗徒长。另外,移栽前 15 天,应控制肥水,加大放风量,进行炼苗、蹲苗,防止出现高脚苗、旺长苗。

(三)定植

朝天椒喜湿怕水,宜选择保肥、松散通气的壤土、沙壤土或黏壤土。土壤的 pH 值以 6.5～8 为宜。每亩可施充分腐熟的优质农家肥 3 000 千克,或氮磷钾三元(各含 16%)复合肥50～80 千克,可根据土地肥力适当增减。为了便于排灌,应采用高畦栽培,畦宽 0.6～1 米(栽 2～3 行),畦与畦之间沟宽 0.2 米,畦的垂直高度为 0.2 米,这样雨大时可及时排水,天旱时只浇沟中,保持畦面疏松透气,有利苗生长发育。为了通风透光,畦宜取南北方向。定植前对苗床浇一次透水,促进苗发新根,以便于起苗。起出的苗应随起、随栽、随浇定苗水,为了促进苗早发快长,可在定苗水中加入速效化肥,每亩用尿素 4 千克,磷酸二氢钾 2 千克,溶入 1 500 千克水中。

(四)田间管理

1. 中耕培土

及时中耕培土,可促进朝天椒根系生长发育,提高土壤温度,有利保墒。土壤水分较多时,中耕还可散湿,有利根系生长。

2. 追施肥料

春椒如基肥充足，可根据植株长势适当追肥。追肥对麦茬椒特别重要，可适当早追肥。在底肥充足的前提下，每亩可追施碳酸氢铵 50～60 千克，过磷酸钙 50～60 千克，硫酸钾 20～30 千克。如进行叶面喷肥更好，可喷 0.3％的氮磷钾三元（各含 16％）复合肥水溶液，生育期可喷 3～5 次。

3. 浇水排水

朝天椒根系浅，怕旱怕涝，特别是盛果期，如果缺水产量会严重受影响。应小水勤浇，保持土壤湿润。高温天气忌中午浇水，以免降低土壤温度，造成落花、落叶、落果。

4. 摘心打顶

朝天椒枝型层次明显，一为主茎果枝，二为侧枝果枝，三为副枝果枝。其主要产量为副侧枝的果实组成，因此，主茎一现蕾应进行人工摘心，促发侧枝。副侧枝若发生晚，果实不能成熟，应及时摘除。

（五）病虫害防治

1. 病害

主要有猝倒病、立枯病、病毒病、疫病等，应及时防治，且要坚持防重于治的原则。7—8 月为疫病多发阶段，每 7～8 天喷一次药，可选用多菌灵、百菌清等进行喷施。

2. 虫害

主要有棉铃虫、烟青虫和玉米螟等，可用高效溴氰菊酯 3 000倍液或凯撒乳油 5 000 倍液等进行喷施。平时要勤查细看，要在虫少且小时防治。天气干旱时要注意防治红蜘蛛、蚜虫等。

四、辣椒生产中常见问题及解决办法

(一)、辣椒死棵防治技术

1. 农业防治措施

(1)前茬收获后,及进清洁田园,耕翻田地。

(2)选用抗病品种,并在播前采用高温闷棚、大水闷灌或用生石灰翻地的方式进行土壤消毒。

(3)培育壮苗,合理密植,通风排湿。注意排水,控制灌水,降低棚内湿度,其中,尤以滴灌方式为佳。实行配方施肥,增施磷钾肥,少施氮肥,追肥或冲施肥时以复合肥为主,辅以生物肥及腐殖酸等,以利于活化土壤。可喷爱多收 600 倍液及和生物肥,提高植物抗病力。

2. 化学防治

(1)播前深翻土壤时,每亩撒施 50%多菌灵可湿性粉剂 2～3 千克。

(2)种子消毒。52℃温汤浸种 30 分钟或 72.2%普力克水剂浸种 12 小时。

(3)施用充分腐熟的有机肥。施用未腐熟的有机肥后容易因肥料在土壤中腐熟发酵而产生大量的热量,造成烧根引发蔬菜死棵,建议施用充分腐熟的有机肥或施用成品有机肥。

(4)定植时要注意穴施药土:在定植时,可用多菌灵、甲基托布津、恶霉灵等药剂,与土壤混合均匀(约 0.5 千克药对 15 千克土)。

(5)发现病株后,不可立即浇水,否则将加速病害的发展,应首先进行喷雾及灌根处理。可用 72.2%普力克水剂 600～800 倍液,77%可杀得可湿性粉剂 400～500 倍液喷雾或灌根。对于个别病情严重的植株需加上强力壮根剂 1 000 倍液灌根(铜制剂除外),也可用喷雾器喷地面。可用甲基托布津、恶霉灵、杀毒矾等药剂400～600倍液,用喷雾器拔下喷头来喷灌植株茎秆及土壤,也可用上述药剂及多菌灵、可杀得等药剂涂抹茎秆,有效杀死病菌,3～5天1次,连续2～3次即可。

注意:发生病害后不要立即浇水,否则会造成病害的传播。病情控制住后,可再加入甲壳丰等生根剂进行灌根,促根效果好。

(二)温室越冬茬辣椒落花的原因及防治技术

1. 辣椒落花的主要原因

(1)苗期花芽分化受阻。辣椒幼苗期温度过高,浇水过多,床土含有机肥过多,秧苗徒长,花芽分化受阻而引起落花。

(2)低温。严冬季节温室内凌晨4点左右温度6～7℃,上午10点左右揭开草帘后温度为7～8℃,而辣椒开花授粉后,花粉管伸长的适宜温度白天为20～25℃,夜间为12～18℃。低温致使花粉管不能正常萌发伸长,引起子房受精不良,子房内缺乏生长素而导致落花。

(3)光照不足。冬季光照时间短,光照强度弱,辣椒植株体内物质积累少,花粉中的淀粉累积,花粉发芽和花粉管的伸长均受影响,一般形成短柱花和中柱花。由于短花柱和中花柱是弱质花,不能挂果,导致大量落花。

(4)湿度太大。辣椒是半干旱性蔬菜,既怕涝又怕旱,要求土壤保持湿润状态。白天随气温升高,土壤散发水蒸气,叶面结露蒸发,室内湿度急剧增大,在低温情况下,风口开得小,不易排湿,温室中相对湿度常高于80%。长期的高湿一则使温室中氧气减少和土壤中氧分压降低,低氧气抑制呼吸,使植株吸收水分和矿物质的能力锐减,造成辣椒发育不良,出现落花。二则花粉吸水膨胀,不易散出,影响授粉造成落花。

(5)营养不均衡,矿物质缺乏,代谢失调。人工施肥注重使用大量元素而忽略了微量元素叶面喷施，造成氮、磷、钾等元素过量，锌、硼、镁等元素缺乏，引起花粉败育，导致不孕，造成落花。另外，如大量施入氮、钾肥，会产生拮抗，抵制辣椒对其他营养元素的吸收，造成某些元素缺乏，使辣椒发育不良，引起落花。

(6)生长期植株的营养生长过旺，抵制了生殖生长。营养集中在茎叶上，花因营养不足而脱落。冬季温室温度低，不能满足辣椒开花结果所需的温度，不能及时引导植株进入生殖阶段，营养生长和生殖生长失去平衡，导致严重落花。

(7)病害为害。由于灰霉病、枯萎病的直接侵染，叶片因此失去了光合能力，叶片老化、枯萎甚至脱落。花失去了营养供给，正常发育受阻引起花的脱落。

2. 防治技术

(1)适时育苗，培育壮苗。越冬茬辣椒一般在8月上中旬播种，9月中下旬定植，12月中旬始收，主要供应春节市场。越冬茬辣椒育苗时气温高，虫害严重。因此，在育苗期要严格控制温度、湿度、光照及肥料，以防徒长。提前预防虫害，降低化学药剂使用次数，为培育壮苗奠定基础。幼苗生有5～7片真叶时应及时拉大育苗钵之间的距离，使苗间距达到15厘米左右，扩大光照面积，有利于花芽的发育。若幼苗出现徒长，可在叶面喷施150～200毫克/千克乙烯利，或用矮壮素250～500毫克/千克浇施土壤，每株100～200毫升。定植前7～10天停止浇水，在低温条件下进行蹲苗，以提高幼苗抗逆力。

(2)加强增温保湿措施，合理调节昼夜温度。为了提高气温、地温，辣椒缓苗后，应选用2米宽的白色膜进行全覆盖(包括垄与垄之间的沟)，草帘厚度要达到5厘米左右，而且长度要北至后墙顶，南余地面30厘米。进入严寒时期，要在草帘之上加盖一层旧棚膜，在大棚南边设防寒沟、防寒裙等保温提温措施。当白天温室中温度上升到28～30℃时再打开通风口，顶风口打开10厘米左右，阴雪天上午适当推迟揭开草帘，下午提前盖草帘，中午瞬间放风，可以有效地为夜间蓄热，以保持较高气温、地温。高温可以促进辣椒生长发育。

(3)改善温室光照条件。充分利用有限光照在棚内后墙上张挂镀铝镜面反光膜，可增加光照强度，使栽培畦面获得更多的太阳辐射，可加强植株生长势，提高结果性能；早上揭开草帘后，及时擦拭棚膜，使棚膜光净发亮，提高透光率，在保证温室内温度适宜的情况下，尽量早揭晚盖草帘。

(4)及时整理植株，改善通风透光。门椒采收时，辣椒已封垄，枝叶繁茂，需及时摘掉下部黄叶、老化叶，抹掉腋芽。另外，进行一次重剪，剪掉徒长枝，适当摘除主枝上有向内伸长长势较弱的“副枝”，调节吊秧绳，提高弱枝的生长点，抵制强枝的生长势，促花芽分化。

(5)适时适量追施微肥，使植株营养结构合理化。在辣椒生育期间，追施氮、磷、钾复合肥的同时，交替在叶面喷施0.2%～0.3%硼酸或硼砂溶液、0.3%硫酸锰锌溶液等微肥，辣椒吸收后，可激活某些成花激素，从而减少落花。

(6)加强田间管理，促进植株健壮生长。辣椒进入盛果期后，应根据植株长势及进补充有机肥，以免生长后期脱肥。当地温低于18℃时，停止明沟浇水，进行膜下暗灌，或使用滴管浇水，以降低室内湿度，避免过度干旱后骤然浇水。在病害发生前进行生物预防，发病初期及时进行化学防治，喷洒2～3次1 000倍液的植物动力2003，增强植株抗逆能力。

(7)合理利用植物生长调节剂，协调植佅营养生长和生殖生长。辣椒进入生殖生长阶段后，植株表现出旺盛的长势时，要严格控制浇水，尽量不追肥，并在开花前喷施20～25毫克/千克的矮壮素，抵制徒长。在辣椒开花时喷施防落素，防止落花，促使营养生长和生殖生长平衡。

(三)辣椒烂果原因及防治技术

在中后期生长过程中的辣椒,常会发生烂果现象,引发烂果的原因是多方面的,现将常见的几种辣椒烂果现象及其防治方法介绍如下。

1. 软腐病引起的烂果

该病主要为害叶片,也可侵染幼苗、茎及果实。幼叶发病呈水浸状,常沿叶脉发病,最初叶上呈现稍隆起的褐绿小斑点,叶片畸形,严重时叶片变黄,早期脱落。茎、叶柄、果梗发病,开始产生水浸状不规则的褐色短条斑后木栓化,边缘稍隆起,中央凹陷,呈粗糙的疮痂状。果实受害初呈水渍状暗绿斑,病斑圆形或长圆形,后全果软腐,有恶臭,果皮变白,干缩后脱落或挂在枝上,整个结果期都可发生。

防治措施:发病初期喷洒 1∶1∶200 倍的波尔多液或喷洒菌绝 1 000 倍液,也可选用 72%农用链霉素 4 000倍液或 77%可杀得 800 倍液喷雾防治,7 天 1 次,连续 2～3 次。

2. 疫病引起的烂果

根和根茎部受害后呈水渍状软腐;基部发病,出现黑色斑块;叶片发病,先从叶尖开始,如开水烫伤,病斑不定形,墨绿色,遇晴天病叶便干枯皱缩;果实得病后变灰褐色,烂果先从蒂部染病,呈水渍状灰绿斑后迅速变褐软腐,湿度大时,表面长出稀疏的白色霉层,病果干缩不脱落。

防治措施:及时喷洒或浇灌 50%甲霜铜可湿性粉剂 600～800 倍液,或用 64%杀毒矾可湿性粉剂 500 倍液,或用 72%杜邦克露 800 倍液,7 天 1 次,连喷 2～3 次。

3. 炭疽病引起的烂果

炭疽病为害近成熟的果实和老叶片,初期呈褪绿水渍状斑点,后逐渐变成褐色,以后边缘为深褐色,中间为浅褐色或灰白色的近圆形或不规则形斑，上面轮生黑色小点，是病菌的分生孢子盘，发病叶片、花、果实都容易脱落，造成严重减产。进入结果中期后发病加重，如不防治可导致完全失收。

防治措施：可选用75%百菌清可湿性粉剂500倍液，或用401抗菌剂500倍液于初期使用。盛发期可喷新万生400倍液，或用68.75%杜邦易保1 000倍液。

4. 疮痂病引起的烂果

成株期也是从叶片发病，病斑先呈水渍状黄绿色斑点，后呈褐色，边缘隆起，中部凹陷且色淡，表皮粗糙。受害重的叶片上密布小斑点，后逐渐变黄，干枯脱落。茎部发病往往先从分枝处开始，病斑呈长条形，隆起纵裂呈疮痂状。果实受害，先在果面上呈水渍状疱斑，后变黑，肉厚多汁的辣椒品种在田间湿度较大或阴雨天气下首先开裂，流出有臭味的淡绿色混浊细菌液。

防治措施：当田间出现病株，可立即喷洒72%农用链霉素4 000倍液，加瑞农800倍液，对病害有良好的抑制效果。

5. 灰霉病和菌核病引起的烂果

灰霉病于初花幼果期为害最多，以门椒、对椒发病最重。在幼果顶部或蒂部出现褐色水渍状病斑，后凹陷腐烂，呈褐色并附灰色霉层。菌核病由果柄发展到全果，呈水渍状腐烂，浅灰褐色，其他部位也有相似症状。

防治措施：前者可选用20%绿蒂500倍液，或用50%速克灵1 500倍液防治；后者可选用40%菌核净1 000倍液，或用50%使百功2 000倍液喷雾防治。7～10天用药1次，连续喷雾1～2次。

6. 病毒病引起的烂果

其常见症状有花叶型、畸形丛枝型和黄化坏死型。花叶型的典型症状是病叶叶片呈现浓绿与淡绿色相间的花叶，植株矮化，心叶变小，果实小而僵硬，容易脱落；畸形丛枝型的植株节间缩短，幼叶狭窄或呈线状，叶面皱缩，植株上部叶丛生，重病果面有深绿、浅绿相间的花斑和疣状突起，病果容易脱落；黄化坏死型的植株顶端幼嫩部分变褐坏死，叶脉呈褐色或黑色坏死。叶片和果实上病斑呈红褐色或深褐色，有时穿孔或发展成黄褐色大斑，叶片迅速黄化脱落，害病部位造成落叶、落花和落果，严重时嫩枝生长点及整株枯死。

防治措施：采用高效低毒的无公害药剂。一是在移栽前及移栽成活后、盛果期各喷 1 次 0.1％硫酸锌 500 倍液，或用 20％病毒 A 可湿性粉剂 500 倍液；二是及早防治蚜虫，减轻病毒媒介。

7. 绵腐病引起的烂果

果实受害腐烂，湿度大时生出大量白霉。发病初期用 72.2％的普力克水剂 400 倍液，或用 14％络氨铜水剂 300 倍液，或用 64％杀毒矾 500 倍液喷雾，7 天 1 次，连喷 2～3 次，有较好的防治效果。此外，烟青虫等害虫蛀果后也引起烂果，要将害虫消灭在蛀果之前。

第六节　甜瓜栽培技术

一、甜瓜育苗技术

（一）苗床设置和床土准备

1. 苗床种类

（1）冷床。最简单的一种苗床形式，白天利用太阳光增加苗床温度，夜间覆盖草苫。

（2）温床。根据热源不同，有酿热温床、电热温床、火炕温床。

(3)温室。可分为加温温室、日光温室。

(4)夏季的苗床。在冷床的上面覆盖遮光设施(如遮阳网)、防雨的棚膜等。

2. 营养土的准备

配制营养土是为了满足甜瓜幼苗生长发育对土壤矿物质营养、水分和空气的需要。所以营养土应该疏松透气、不易破碎、保水保肥力强、富含各种养分、无病虫害。配制时用未种过瓜类作物的大田土、河泥、炉灰及各种禽畜粪和人粪干等。一切粪肥都需充分腐熟。配制比例是大田土5份,腐熟粪肥4份,河泥或沙土1份。每立方米营养土加入尿素0.5千克,过磷酸钙1.5千克或氮磷钾复合肥1.5千克。

(二)护根措施

甜瓜根系纤细,在移栽过程中容易受伤,且根系的再生能力弱,不易恢复,故采用育苗移栽以容器保护根系,主要有塑料钵、草钵、泥钵、纸钵和营养土块。

1. 种子选择

做发芽实验检验种子发芽率,优质种子发芽率在95%以上。还可以用人工目测法进行挑选,选择在形状、颜色、大小等符合品种标准的种子,去除杂籽。

2. 晒种

将种子在阳光下暴晒1天,每隔2小时翻动1次,使种子均匀受光。

3. 种子消毒

(1)温汤浸种。将55～60℃温水倒入盛种子的容器,边倒边搅拌,待水温降至30℃为止。

(2)药剂消毒。将种子在药剂中浸泡一定时间,再捞出用清水洗净。常用药剂有0.1%高锰酸钾、40%福尔马林100倍液、50%多菌灵500倍液消毒浸种15～20分钟,用10%磷酸三钠液浸种可控制病毒病的发生。

4. 浸种、催芽

将消毒过的种子在常温下清水浸泡6～8小时,使种子充分吸水,然后淘洗干净,滤去水分,进行催芽。催芽的适温是20～30℃,可在恒温箱、热炕头、灶头等热度较平稳的地方进行。

催芽过程中注意:①催芽温度不可过高、过低、忽高忽低。②种子稍露出胚根最长不超过0.5厘米为好,过长播种时易折断。

(三)播种及苗床处理

1. 播种期

甜瓜不耐寒,遇霜即死,抢早播种有很大风险。当平均气温稳定在15℃以上,地温稳定通过12℃以上,是最早的露地定植期,定植期往前20～30天就是露地育苗移栽苗时的最早播期;地膜覆盖栽培的比露地的提早播种5～7天;小棚栽培的比露地的提早播种约1个月。

2. 播种方法

播种前3天苗床浇足底水,冷床可在床面覆盖薄膜提高床温,电热温床、火炕温床也要加温,使地温稳定在15℃以上。

二、厚皮甜瓜的露地栽培

(一)整地作畦

1. 整地

准备种植甜瓜的地块,前一茬作物收获后及时翻耕,由于甜瓜要求疏松而深厚的耕地层,因而耕翻深度以25～30厘米为宜,深耕促进根系向下伸展,扩大吸收水分和养分范围。露地栽培甜瓜在整个生育期中施肥以基肥为主，追肥较少。一般中等肥力每亩施用优质厩肥 3 000～4 000 千克、饼肥 100 千克、过磷酸钙 80 千克、草木灰 50 千克、氮磷钾复合肥 15～20 千克。厩肥以含磷钾较多的禽粪、羊粪、人粪等混合肥为好，饼肥以芝麻饼最好，其次是花生饼、豆饼、棉籽饼。厩肥、饼肥、磷肥等作基肥施入，速效氮肥或复合肥一半做追肥，于现蕾开花前施入。

2. 移栽定植

露地大田适宜定植期必须在当地终霜以后，气温稳定在 18℃，土壤温度在 15℃。

3. 种植密度

合理密植是增产的关键措施之一，合理的行株距应根据类型、品种、合理整枝方式、土壤肥力、气候等不同条件来决定。一般情况下，薄皮甜瓜的栽培密度大于厚皮甜瓜；早熟小果形品种大于晚熟大果形品种；单株留蔓数越多，移栽的苗越少；土壤肥力越高，越应稀植。

(二)水肥管理

1. 灌水和排水

定植后 3～4 天浇 1 次定植水，一般情况下，如果不是特别干旱引起幼苗严重萎蔫，可以不浇水，或是通过加强中耕，松土保墒，进行蹲苗。生长前期控制浇水，有利于根系向纵生长，增强植株的抗旱能力。需要浇水时，最好是开暗沟浇或洒水淋浇，避免用水直接浇根。暗灌时，水量也不宜过大。植株伸蔓后，坐果前，需水量渐多，需要浇 1 次伸蔓水。在十分缺水的情况下，可以进行畦灌。开花前浇水过多，容易引起落花落果，但干旱时坐果前应浇水，以保花保果。甜瓜在果实膨大期，是需水量较大的时期，甜瓜在枣子大小时，生长重心已由茎叶转向果实，此时稍一缺水，幼果生长就会受到抑制，因此，保证充足的水分供给是果实良好发育的重要条件，此时浇1次膨瓜水，7～10天后可再浇1次小水。在果实接近成熟时，需水量大大减少，控制浇水可促进果实成熟，改善风味。结果期的灌水，应掌握地皮微干就灌，不要等到完全发白干透。灌水时应注意急排急灌。

甜瓜浇水原则：坐果前应尽量不浇或少浇；果实膨大期及时浇，浇时应早晚浇，中午不浇，地面要见干见湿，不干不浇，见干就浇，果实长足，控制浇水。

2. 追肥

露地栽培甜瓜在苗期不追肥，伸蔓期在离苗20厘米处开挖15～20厘米的沟，将碳酸氢钠或尿素施入沟内，随后浇水。开花坐果期为防止营养生长过旺而影响坐果，应严格控制肥水，一般不追肥，尤其不能追氮肥。但如果植株生长不良，营养不足，也会造成授粉不良和落花落果，这时可进行根外追肥，叶面喷施0.3%～0.4%的磷酸二氢钾和0.5%～0.6%的尿素溶液，一般每隔5天喷1次，前后共喷2～3次。果实膨大期需要的养分较多，一般在植株两侧开沟或浇水沟内追肥，每亩追施碳酸氢铵30～50千克，硫酸钾20～30千克内，追肥后立即浇水。

3. 整枝

整枝应掌握前紧后松的原则。子蔓迅速伸长期必须及时整枝。伸蔓发生后抓紧理蔓、摘心，促进坐果，同时酌情疏蔓，促使植株从营养生长为主向生殖生长过渡，促进果实生长，果实膨大后根据生长势摘心、疏蔓或放任生长。前期抓紧整枝，早熟效果显著。否则，茎蔓很快缠绕难分主次，致使坐果不及时，反过来又加快茎叶徒长，不仅增加整枝工作量，而且造成晚熟减产。整枝应该在晴天中午、下午气温较高时进行，伤口愈合快，减少病菌感染，同时茎叶较柔软，可避免不必要的损伤。整枝摘下的茎叶应随时收集出瓜地。有露水或阴雨不应整枝。

4. 果实管理

(1)授粉。甜瓜雌花大多数为具雄蕊的两性花,又是典型的虫媒花,一般情况下可遇昆虫传粉结实,有些品种还会自花结实,但在低温、阴雨昆虫活动较少或植株徒长的情况下,可采取人工辅助授粉以促进结果。

具体做法:晴天清晨,在瓜田摘取开放的雄花花蕾置于容器中,待其自然开放后,摘除花瓣,将扭曲状的花药对准柱头,轻轻涂抹即可,每朵雄花可授 1～2 朵雌花。在阴雨天授粉需用塑料小帽或小纸筒防雨,阴雨天温度较低空气湿度高,开花的时间显著推迟,其方法是雄花必须开放前采回,然后把估计当天开放的雌花套上防雨帽,室内雄花开放后,田间雌花开放,授粉,再套上防雨帽,操作时避免花粉和柱头淋湿,在雨不大的情况下人工辅助授粉,有一定的效果。

(2)选择坐果节位和选留果。留瓜的位置因品种和整枝方式不同而不同。早、中熟品种,两子蔓、三子蔓整枝时,以子蔓中部 3～5 节的孙蔓结瓜产量高、品质好。

选留瓜的时间应在幼瓜鸡蛋大小,开始迅速膨大时选留。过早看不准幼花的优劣,过晚浪费幼瓜生长的养分。选留瓜的标准,应选幼瓜颜色鲜嫩、形状均匀、两端稍长、健全、果柄较长、粗壮,花脐较小的幼瓜。

三、露地薄皮甜瓜栽培技术

(一)薄皮甜瓜对环境条件的要求

薄皮甜瓜属喜温,喜光,耐旱却怕涝,膨瓜期需要肥水较多的作物。

1. 温度

在气温 30℃、地温 20℃、白天 25～35℃、夜间 15～20℃的

环境条件下,对植株生育最适宜。其营养生长的极限温度10～38℃,在22～30℃的范围内,温度越高,生长势越强,同化效果越好。种子发芽的最低温度15℃,最适温度25～32℃,根系生长的最低温度12℃,最高34℃,开花的最低温度18℃,最适25℃。

2. 光照

甜瓜要求充足的光照,正常发育要求每天日照时间10小时以上。光照不足,生育迟缓,果实着色不良,甜味和香味都大大降低,且易发生病害。

3. 水分

甜瓜属较耐旱植物,对空气相对湿度要求相对较低,一般为50%～60%。在生长前期、幼苗期和伸蔓期要保持一定的湿度,有利于植株的生长,在开花期过干过湿均妨碍受精作用的正常进行。在果实膨大期,因枝繁叶茂,蒸腾作用较强,应保证充足的土壤水分,此时缺水,果实膨大慢、产量低。甜瓜极不耐涝,土壤水分过多时,往往由于根系缺氧而死亡。所以应选择通透性好、地势平坦、不积水的地块种植。

4. 养分

甜瓜为喜钾植物。一般1 000千克商品瓜需氮3千克、磷(P_2O_5)1.5千克、钾(K_2O)5.6千克。而各个生育期对氮、磷、钾的要求也不一样,幼苗期、伸蔓期需氮量最大;开花坐果后需钾量日渐增多,果实膨大期达到最高峰。可根据不同生育时期对氮、磷、钾的不同需要,调节好各元素供应比例,是甜瓜夺高产的关键。氮肥可促进茎叶生长和果实肥大,提高产量,但施用量过多易徒长、晚熟、发病;施用磷肥可促根系发达,植株健壮;施用钾肥可提高品质、增加甜度、提高抗病性。

(二)品种选择

品种选择标准要三看:一看外观、品质和市场;二看丰产性、适应性和抗逆性；三看对生长环境和管理水平的要求。目前，生产上主要品种有红城十号、红城十五号、永甜十一、永甜十三等。该系列品种肉质甜脆，香味浓郁，品质佳，市场好，但不抗重茬。

（三）确定适宜的播种期与定植期

适宜播种期的确定要在确定好定植期的基础上，选定好适宜的播种期。甜瓜为喜温耐热作物，栽培时应根据甜瓜品种特性、生育时期及当地气候条件。露地直播播种期一般可安排在晚霜期过后，育苗定植，应以 10 厘米地温稳定在 13℃以上时定植，苗龄约 30 天。一般适宜的播种期距定植期 40 天左右，苗龄 3 叶 1 心至 4 叶 1 心。

（四）育苗

育苗分常规育苗法和嫁接育苗法。常规育苗法适宜新地块，病害轻，不易死苗；嫁接育苗法适宜重茬生产，能有效地防止枯萎病等重茬病害的发生，其嫁接的砧木为黄籽南瓜或白籽南瓜。

1. 播前准备及播种方法

（1）营养土配制。

①肥沃无菌田土 50％，充分腐熟优质有机肥 50％，混合均匀过筛。

②肥沃无菌田土 50％，充分腐熟圈粪 30％，腐熟马粪 20％混合均匀过筛。

以上营养土中一般不需加入化肥，如田土、有机肥质量较差，每立方米可加入粉碎后或用水溶解后的磷酸二铵 1 千克，均匀的喷拌于营养土中，为防苗期病虫害，每立方米可加入 50％多菌灵 200 克，绿亨一号 3 000 倍液和 50％辛硫磷 1 000 倍液喷拌于营养土中，堆闷灭菌、灭虫。

（2）育苗畦或育苗钵的准备。育苗时可把营养土直接装入育苗钵中，育苗钵大小以10厘米×10厘米或8厘米×10厘米为宜，装土量以虚土装至与钵口齐平为佳。再把营养钵放置育苗畦中，浇足水增温，准备播种。

(3)育苗棚消毒。育苗前7～10天，用防病防虫药剂熏棚1昼夜，然后放风排毒气准备播种。消毒方法：用百菌清烟雾剂＋灭蚜烟剂等点燃熏棚(按说明施用)。

(4)种子处理及催芽。

①晒种。播前2～3天，把种子放在阳光充足的地方进行晒种1天，并经常翻动种子，可起到杀菌、打破休眠和增强种子活力的作用。

②浸种。将晾晒好的种子用55℃热水浸种15分钟，之后再浸种4～6小时。也可以12～15℃的凉水浸泡1小时，使种子慢慢吸水再用药剂浸种

③药剂浸种。浸泡后的种子，捞出控净水，倒入3～4倍于种子量药剂溶液里，浸泡4～6小时，每1小时拌动1次，使种子受药均匀。常用药剂有：300倍液的福尔马林、1 000倍液硫酸铜、600倍液多菌灵、2 000倍液农用链霉素。

④催芽。将用药液浸过的种子，用清水洗净搓掉种皮黏液后，用湿布包好，放在25～32℃条件下催芽。催芽过程中，注意时常用30℃左右的温水过滤种芽，一般24小时可齐芽，当幼芽长至2～3毫米时，放在10～15℃条件下炼芽，以提高幼芽的适应性。

(5)播种方法。当营养钵中水渗净，钵内表土具一定量泥浆时播种，每个营养钵内平放1～2粒种子。随播种随在种子上均匀覆盖1厘米厚过筛营养土，然后覆一层地膜保温、保湿，待80％以上拱土时揭掉薄膜。

2. 播后管理

(1)播后苗前。白天温度保持在28～32℃，夜间温度20～

18℃，不能低于13℃；

(2)幼苗出齐后。白天温度保持在20～26℃，夜间温度18～15℃，不能低于10℃；

(3)第一片真叶长出后。白天温度保持在22～30℃，夜间温度20～13℃；

(4)移栽前炼苗。白天温度保持在18～25℃，夜间温度15～10℃，使苗逐渐适应定植拱棚环境。

3. 嫁接育苗技术

薄皮甜瓜栽培最忌重茬，连续栽培二年的地块一般减产20%～30%，严重的甚至绝收，采用嫁接技术不仅可以有效解决甜瓜重茬减产的问题，而且可以使甜瓜安全越过寒冷的早春，提早上市。

具体操作方法如下。

(1)选择适宜的砧木品种。嫁接栽培成功的关键是选择适宜的砧本品种。较理想的砧木品种有白籽南瓜、南砧一号等。

(2)嫁接前的准备工作。

①育苗场所。培育嫁接苗在温室或塑料大棚内育苗。

②甜瓜接穗培育。接穗种子也按培育常规苗的方法进行消毒、浸种和催芽。播种时播在育苗盘中，便于随时移动，播种距离3厘米×3厘米为宜。

③砧木的培育。白籽南瓜种子种皮较薄，易吸水，种子发芽迅速而整齐，发芽适宜温度较低，通常室温下浸种4～6小时，用手多次搓洗种皮黏液，淘洗干净，虑去种子表皮明水，用纯棉湿毛巾外加塑料膜包好，放在28～30℃的条件下催芽，种子露白后立即播种。培育砧木可在苗床上平播，按每平方米1 500～2 000粒种子点播。南瓜种子子叶较大播得稀些。

苗期管理：砧木及接穗在播种后至真叶显露，需较高温度，一般地温掌握在20～22℃，不低于15℃。白天气温25～30℃，夜间 16～18℃，靠接要培育健壮的徒长苗(苗高 7～8 厘米)，因而要求有较高的夜温及较高的湿度。

砧木苗嫁接前 1～2 天应控制浇水，以避免嫁接时胚轴易壁裂而降低成活率。

④砧木与接穗的播种期。砧木在嫁接前 8～10 天播种，接穗在嫁接前 12～15 天播种。

(3)嫁接场所及用具。嫁接场所应直接在专设的育苗塑料中棚或日光温室内进行，并选择晴好天气嫁接。在嫁接场地及嫁接后移栽苗床的中棚或日光温室的上面用草帘覆盖遮阴，防止强光直射。

嫁接需要的用具有：刀片、竹签、嫁接夹等。竹签用于剔除砧木的生长点和插孔，由竹筷削成长 10～15 厘米，粗度与接穗茎粗细相近，一侧平，另一侧为扁平状，先端呈半弧形。用火轻烧一下，使尖端变硬无毛刺。一般备粗细不同的竹签 2～3 个。嫁接夹用来固定嫁接部位，一般可用 2～3 年，但旧夹再用时应用开水浸烫高温消毒。

(4)嫁接方法。砧木子叶展开生长点刚出，株高 7～8 厘米，接穗第一真叶铜钱大小，株高 7～8 厘米为嫁接适期，先取砧木用刀片剔去生长点，自子叶下 0.5 厘米处斜向下削，刀口长 1 厘米左右，深达茎粗的 1/3～1/2。然后取接穗，与子叶平行一侧，自子叶下 2.5 厘米处，先用刀片再以 45 度角向上斜削一刀，深达茎粗的 3/5，刀口长 1 厘米，将削好的砧木与接穗镶嵌在一起，用嫁接夹夹好。接好后，将砧木和接穗连根一起栽植于营养钵中，砧木与接穗根部相距 1～2 厘米，以便成活后切除接穗接口以下胚轴。接口处应高出地面 2～3 厘米。避免接穗接触土壤发生自生根。

(5)嫁接苗管理。嫁接苗成活率高低，取决于嫁接后管理的好坏，从嫁接到成活一般需要 10～12 天，在这期间要抓好保温、保湿、遮光等主要环节。

①保温。嫁接苗愈合的适宜温度为白天25～30℃，夜间18～20℃，超过40℃或低于10℃。都会影响成活率。晴天遮阴防高温，夜间采用覆盖或加热保温，5～7天后，白天气温保持30～32℃，夜间15℃以上，地温20℃。7～12天后，白天温度28～30℃，夜间13℃，地温18℃。

②保湿。最大限度地降低接穗水分蒸发是提高嫁接成活率的关键。苗床内空气湿度小，接穗容易失水萎蔫，严重时影响成活。为保证湿度，栽植时要将苗床浇透水，苗床上的小拱棚要密闭封严，使棚内湿度达到饱和状态。3～7天保持湿度85%～90%，7天后保持80%～85%，约10天后，嫁接苗长出新叶成活。

③遮光。嫁接后3天内棚顶用遮盖物覆盖遮阴，避免阳光直射，可少量散射光照射。若全部遮光，小苗会出现黄化现象，影响成活率。3天后早、晚可去掉遮阴物，以后视苗情逐渐增加透明度，延长透光时间，7天后不再遮阴。

④通风换气。嫁接3天内，每天可揭开薄膜两头换气1～2次，5天后嫁接苗新叶开始生长，应逐渐增加通风量，通风口由小到大通气时间由短到长，10天后嫁接苗基本成活，可去掉小拱棚。

⑤去除砧木萌芽。砧木摘除生长点后，仍有侧芽陆续萌发，这些侧芽生长迅速，常与接穗争夺养分，影响嫁接苗成活，要及时去除，同时注意操作要轻，以免损伤子叶和松动接穗。

⑥断根。靠接苗在嫁接后10～12天，可从接口下0.5～1厘米处将接穗的下胚轴剪断，上下两刀，将接穗的下胚轴清除。断根时，可先试2～3株，若不发生萎蔫，第二天即可全部断根。断根后如遇晴天高温，应适当遮阴和喷水。

⑦撤嫁接夹。当嫁接苗通过缓苗期后，接穗长出新叶，证明

嫁接苗已成活。10 天后，应及时去掉嫁接夹，如接口长得不好，可于定植后逐渐去掉嫁接夹。以免影响嫁接苗的生长发育。

健壮的秧苗苗高 10～12 厘米，三叶一心，健壮无病虫害，节间短粗、叶片浓绿、根系发达，嫁接苗龄 40 天左右，达到壮苗标准时即可定植。

矮化促瓜：在幼苗 2 叶 1 心时，用 60 毫克/千克的乙烯利喷雾，既可起到矮化作用，又能促进雌花形成。

（五）整地定植

1. 整地施肥

施肥品种以优质有机肥、常用化肥、复混肥等为主，忌用含氯肥料。在中等肥力条件下，结合整地每亩施优质有机肥（以优质腐熟猪厩肥为例）10 000 千克，磷酸二铵 50 千克，硫酸钾 50 千克。其中 60%普施，剩余 40%和化肥混匀后集中沟施。按垄距 100 厘米起垄，作成宽 30 厘米，高 20 厘米南北向高垄，垄面整平，于定植前 7～10 天覆盖地膜。

2. 定植

当苗龄 30～35 天，有 4～5 天真叶时即可定植。采用二水定植法，即按株距 36～40 厘米，开定植穴，穴深 8～10 厘米。每穴先灌 1 遍水，水渗后再灌水，随灌水，随栽苗，随覆土。水渗后覆土，将膜口对好用土压严，每亩栽苗 2 000 株左右。嫁接苗的切口不能离地面太近，更不能埋入土中，否则失去嫁接的意义。

（六）田间管理

1. 整枝与疏果

为促进甜瓜多结果，早结果，常采用多蔓整枝法，即在 4～6 片真叶时对主蔓摘心，然后选留 3～4 根健壮子蔓，均匀引向四方，其余摘除。待子蔓长出 7～8 片叶时对其摘心，促进孙蔓的萌发和生长。孙蔓结果后，每根孙蔓留 3～4 片真叶摘心，促果实发育。当果实膨大后，营养生长变弱时，停止摘心。基部老叶易于感病，应及早摘除，还可疏去过密蔓叶，以利通风透光。甜瓜一生形成的雌花数较多，一般每株留果 4～6 个，个别品种可留 10 余个，其余花果，应及时疏去。

2. 追肥

甜瓜连续结瓜能力强，对肥料需求较多，且持续时间长，因此需要追肥。每亩茎蔓生长期追碳酸氢铵 10～15 千克或硝酸磷肥 10 千克，开花坐果后追硫酸钾 20 千克，进入膨大期追磷酸二铵 40～50 千克，促进果实的发育和成熟。后期宜叶面喷肥，每隔 5 天喷 1 次 0.3%～0.4%磷酸二氢钾液，连喷 2～3 次。

3. 浇水

主要抓好四水：

一是定植水，一般要浇穴，水量不宜过大，否则会降低地温，且易烂根。

二是缓苗水，定植后 5～6 天，轻浇 1 水，促进根系生长，利于缓苗。

三是催蔓水，在追肥的第一个时期，随追肥一起进行。

四是膨瓜水，在果实旺盛生长时期，需水量大，应加强灌水，满足果实发育的需要。在果实进入成熟阶段后，主要进行内部养分的转化，对水肥要求不严。采收前 1 周停止浇水，否则会降低果实的品质，并推迟成熟期。

甜瓜的地下部分要求有足够的土壤湿度，苗期到坐瓜期应保持土壤最大持水量的 70%，结果前期和中期保持 80%～85%，成熟期保持 55%～60%。甜瓜地上部分要求较低的空气湿度，相对湿度以 50%～60%为宜。若长期 70%以上，则易受病害。因此，栽培上要求地膜覆盖，膜下暗灌。

4. 不坐瓜的原因

甜瓜不坐瓜主要原因是养分供应不够平衡，也就是说营养生长过旺，影响了生殖生长。无论什么甜瓜，原则是没坐瓜或坐不住瓜都得掐尖，严格掌握瓜蔓的数量，千万不要乱掐，形成多蔓。

保瓜措施：可采用高效坐瓜灵喷花，此激素为0.1%的吡效隆系列，一般每袋对水1千克（参照说明书使用），在每天的上午10点以前和下午3点以后，当第一个瓜胎开花前一天用小型喷雾器从瓜胎顶部连花及瓜胎定向喷雾。注意最好用手掌挡住瓜柄及叶片，以防瓜柄变粗、叶片畸形。喷瓜胎时，一般一次性处理2～3个（豆粒大小的瓜胎经处理均能坐住），这样一次性处理多个瓜胎，坐瓜齐，个头均匀一致。为防止重复喷花而出现裂瓜、苦瓜、畸形瓜现象，可在药液中加入一定的色素做标记。此法较简单，易操作，且坐瓜率高，膨瓜快。

5. 禁忌

甜瓜大多忌重茬，忌土热时浇水，忌含氯肥料，忌花期除草，忌施氮肥，忌在大树底下种植。

四、大棚、日光温室冬春茬甜瓜栽培技术

（一）选择品种

选用耐低温、耐弱光的早熟优质品种，如黄色光皮、早熟的伊丽莎白。

（二）育苗

一般均采用大棚内扣小棚的温床育苗方法，有条件的可以采用电热温床育苗。

（三）定植

定植前应提前扣棚，以利于提高棚内温度，使定植时10厘米的地温稳定在15℃以上。

(四)立架栽培

为适应大棚甜瓜密植的特点,多采用立架栽培方式,以充分利用棚内空间,更好地争取光能。架型以单面立架为宜,因这种架型适于密植,通风、透光效果好,操作也方便。架高1.7米左右,棚高2.2～2.5米,立架上端应距棚顶要留下0.5米以上的空间,以利于棚内空气流动,而降低湿度和减少病害。

(五)整枝留瓜

大棚、日光温室厚皮甜瓜多采用单蔓整枝,也有少量采用双蔓整枝的。单蔓整枝有利于早熟,单蔓整枝时,主蔓10节以前不留子蔓,子蔓在幼芽时即行抹掉,选择主蔓10～12节上的子蔓坐瓜,坐瓜的子蔓留1～2片真叶摘心,定瓜时每株只留1个发育良好的瓜。主蔓长到25片真叶左右即可打顶。搭架栽培中,保证坐果节位以上有15片或更多的健全叶片,对增加单瓜重、提高含糖量是有好处的。双蔓整枝时,选留两条子蔓第8节以上的孙蔓坐瓜,8节以下孙蔓全部疏掉,坐瓜孙蔓留1～2片也摘心,两子蔓25片叶时打顶,每株留2个瓜。此种整枝法多用于土壤肥沃、施肥量较多的地块。

(六)灌水

在整个生长期内土壤相对持水量不能低于48%,但不同生育阶段对水分的需求量也不同,苗期要少,伸蔓期开花要够,果实膨大期要足,成熟期要少。收获前7～10天停止浇水,通常大棚栽培厚皮甜瓜一般浇1次伸蔓水和1～2次膨瓜水即可。注意浇膨瓜水时水量不可过大,以免引起病害。沟灌深度掌握要浇到畦高2/3即可。

五、甜瓜常见病害及防治措施

(一)白粉病

白粉病主要为害叶片和茎蔓。发病初期,出现圆形白色小斑点,逐渐扩大,使整个叶片或茎蔓上布满白粉。以后逐渐变成灰白色,并出现褐色或黑色小颗粒,症状明显。上部幼叶与下部老叶发病较少,中部叶片发病较多。温度在22～25℃、相对湿度在45%～75%。植株徒长、枝叶过密、通风不良、光照不足时易发生白粉病并造成流行。

防治措施:用2%农抗120或2%武夷菌素200倍液,或用15%粉锈宁可湿性粉剂1 000～1 500倍液喷雾,隔15～20天喷1次。

(二)霜霉病

甜瓜霜霉病的为害一般较黄瓜要轻。但是如果不注意及时用药,往往也会在几天之内造成植株的枯死。在厚皮甜瓜上,霜霉病引起的症状与黄瓜霜霉病略有区别。发病初期,叶片出现水渍状褪色小斑点,以后病斑变成黄褐色,受叶脉限制呈多角形。在潮湿环境下,叶背病斑上产生灰黑色霉层。植株发病一般从基叶开始后,迅速向上扩展,病叶像是被火烤过一样焦枯、卷缩。以伊丽莎白为例,病叶发生初,显现多角形水浸斑的过程一般不明显,而是形成一些近圆形淡褐色的斑点,直径5～8毫米。后期在叶片的背面很少出现黑色的霉层,此外,该病菌主要靠气流传播,适宜的侵染温度过18～24℃,温度越高发病越快。此外,密度过大、光照不足、通风不良增多有利于病菌的传播。

防治措施:

(1)用5%百菌清粉尘或5%克露粉尘,每亩1千克,每隔6～7天喷1次,连喷3～4次。

(2)用72%克露可湿性粉剂800倍液,或用75%百菌清可湿性粉剂 600 倍液喷雾。

(三)蔓枯病

茎被感染,开始形成溃疡,产生红色至红棕色胶状的液体,病部发白,表面生许多小黑点。当病斑发展至环绕整个茎时,可引起病部以上的植株死亡。蔓枯病与枯萎病的区别是,病茎维管束不变色。温度在 20～25℃,高湿、通风不良的情况下均易发生蔓枯病。

防治措施:用大生 M45 可湿性粉剂 600 倍液,或用 75%百菌清可湿性粉剂 600 倍液喷雾。用 9281 水剂 4～5 倍液或 70%甲基托布津 3～4 倍液加少许面粉调成糊状涂抹病蔓。

(四)菌核病

以春保护地甜瓜受害为主。有时和蔓枯病混合发生造成严重的损失。该病较易发生在衰老的叶片上,并经过叶柄向茎部蔓延。起初发病部位出现白色棉絮状物,髓部破裂,剩下丝状的维管束组织,病株逐渐变黄死亡。当切开感染的病茎时,髓部具有白色的霉状物,并带有豌豆大小的黑色菌核。受侵染的果实长满白色棉絮状物,并很快变软腐烂。病菌的菌核在土壤中可存活多年,在湿度高、凉爽或适中的温度下都能生长。长时间的高湿、降雨、灌溉、结露或大雾,都适合该病的发展。

防治措施:

(1)粉尘法。用 5%百菌清粉尘或 5%克露粉尘,每亩 1 千克,每隔 6～7 天喷 1 次,连喷 3～4 次。

(2)用 50%速克灵可湿性粉剂 1 500～2 000 倍液,或用 50%扑海因可湿性粉剂 1 500 倍液喷雾。

(五)炭疽病

幼苗发病,子叶边缘出现褐色半圆形或圆形病斑。茎基部受害,患部缢缩,变黑褐色、幼苗猝倒。生长中后期,叶片、茎蔓和瓜果都可受害。叶片发病时，初为黄色水渍状圆形斑点，病斑扩大后变褐色或黑色晕圈，有时出现同心轮纹，干燥时易破碎。茎和叶柄上的病斑椭圆形、稍凹陷，上生许多小黑点，严重时叶片干枯。果实受害，初为暗绿色水渍状小斑点，后扩大，呈圆形，凹陷的暗褐色病斑常出现龟裂。潮湿环境下，甜瓜成熟果极易在病斑上溢出粉红色黏质物质，严重时病斑连片，甚至完全腐烂。

(1)粉尘法。用5%百菌清粉尘或5%克露粉尘，每亩1千克，每隔6～7天喷1次，连喷3～4次。

(2)用80%炭疽福美可湿性粉剂800倍液，或用70%代森锰锌500倍液或2%农抗120 200倍液或50%多菌灵可湿性粉剂500～700倍液喷雾，7～10天喷1次，连喷2～3次。

(六)疫病

茎蔓及嫩茎节发病较多，叶和果实发病少，成株期受害重，苗期较轻。发病初期茎基部呈暗绿色水浸状，病部渐渐缢缩(变细)软腐，呈暗褐色，病部叶片萎蔫，不久全株萎蔫枯死，病株维管束不变色。叶片受害产生圆形或不规则形水渍状大病斑，发展速度快，边缘不明显，干燥时呈青枯，叶脆易破裂。瓜部受害软腐凹陷，潮湿时，病部表面长出稀疏的白色霉状物。

防治措施：用72%克露可湿性粉剂800倍液，或用72%克抗灵可湿性粉剂800倍液，或用64%杀毒矾M8可湿性粉剂400～500倍液或75%百菌清可湿性粉剂600倍液喷雾，7～10天1次，连喷2～4次。

(七)枯萎病

枯萎病是一种典型的土传病害，又叫蔓割病、萎蔫病。土壤中的病菌主要从根茎的伤口侵入。该病从苗期至结瓜后期均可发生。苗期发病，叶脉发黄、子叶萎蔫下垂，严重时幼苗僵化枯萎使植株死亡。成株发病初期，植株白天萎蔫，早晚恢复，连续数天后植株死亡。植株发生枯萎病的典型症状是:维管束变成褐色,在潮湿条件下,病部会产生白色或粉红色霉状物。当棚内温度在24～28℃,土壤连作、浇水次数多、水量大、田间湿度大、积水等情况都易导致枯萎病的发生。

瓜苗定植后用绿亨一号灌根,用药时间选在开花之前,因为这一时期是瓜类作物易感染期,容易被病菌侵染,此次使用绿亨一号3 000倍灌根,每穴80毫升,同时也是对定植田土壤的灭菌消毒。在坐瓜后和膨瓜后再灌2次,每穴200毫升,在整个生育期分以上3次用药,可以避免枯萎病发生,效果在85%左右。

防治措施:用60%琥·乙膦铝可湿性粉剂350倍液灌根,每株灌药液100毫升,10天灌1次,连防2～3次。

(八)细菌性叶枯病

主要为害叶片,有时也为害幼茎和叶柄。症状因品种和管理表现出较大差异,初期幼叶叶面病斑不明显,呈褪绿色、淡黄绿色斑驳,叶背病斑为水渍状小点,迅速扩大形成近圆形褪色斑,以后坏死,呈黄色至黄褐色,大小差异很大,有的很薄。病斑中央半透明,周围多具有黄色晕圈,无菌脓。幼茎和叶柄受害后开裂。

防治措施:用72%农用硫酸链霉素可溶性粉剂,或新植霉素4 000～5 000倍液喷雾。

(九)细菌性角斑病

为害甜瓜时引起的症状与黄瓜角斑病十分相似,起初叶背面出现一些水浸状的小点,以后病斑扩大,由于受叶脉的限制病斑呈多角形,在病斑的周围有黄色的晕圈。而后病部逐渐变为淡褐色至污白色,潮湿的情况下病部往往会出现白色的溢脓。病菌还可以为害茎、叶柄及果实,初为水浸状斑,后扩大并形成一层硬的白色表皮。果实病部沿维管束向内发展,果肉变色,最后果实腐烂。

防治措施：用41%乙蒜素1 500倍液，或用60%琥·乙膦铝（DTM）可湿性粉剂500倍液，或用50%福美双可湿性粉剂500倍液，或用72%农用硫酸链霉素或新植霉素4 000～5 000倍液，或用77%可杀得可湿性粉剂600～800倍液喷雾。

（十）病毒病

病毒病又叫花叶病、小叶病，秋季高温、干旱、光照过强是发病的主要条件。病毒病主要靠蚜虫传播，发病适温为24～28℃，田间缺肥、干旱、植株长势弱均易感染病毒病。发病时，叶片出现黄绿相间的花叶病斑，叶面凸凹不平。背面叶脉缩短、扭曲，或叶片卷曲、变厚、变脆、畸形，呈“鸡爪”状。果实发病，表面产生不规则突起物并有不同程度的绿色斑驳，并形成畸形果。

防治措施：

（1）选用抗病品种，进行种子处理。

（2）加强定植后的栽培防病措施，保持土壤湿润，与高秆作物间作套种等。

（3）注意防治蚜虫，可采用银灰膜避蚜，或采用3%啶虫脒乳油1 000～1 250倍液或10%吡虫啉可湿性粉剂1 500倍液喷雾防治。

（4）定植后初花期喷100倍NS83耐病毒诱导剂，或于发病初期用5%菌毒清可湿性粉剂400倍液，或用0.5%抗毒水剂300倍液。或用20%毒克星可湿性粉剂500倍液喷雾，7～10天喷1次，连喷3～5次。

六、甜瓜栽培常见的虫害及防治措施

（一）地蛆

又叫根蛆或瓜蛆，是种蝇的幼虫。体长约5毫米，形状像蛆，为害瓜苗的幼根、幼芽和嫩茎。

常用的防治方法如下：①土地冬耕或尽早春耕。高垄栽培，避免土壤过湿。②施用的肥料要经过充分腐熟。③播种或定植时用56%辛硫磷1千克和200千克炒香的麦麸皮或青草拌匀，撒在苗子附近，或者用2 000倍液浇灌根附近，杀死卵和成虫。

(二)蝼蛄

俗叫蝲蛄、拉拉蛄。主要为害瓜苗、幼茎、播入土中的种子等。防治方法如下：①施用腐熟粪肥。②用黑光灯或高强度荧光灯诱杀成虫。③毒饵诱杀，方法参照防地蛆。

(三)小地老虎

又叫地蚕、土豆，黑地蚕、切根虫。主要为害幼苗，将瓜苗幼茎咬断或断苗拖入洞内作食料。造成缺苗断垄。

防治方法如下：①使用腐熟的粪肥：清除杂草，减少成虫产卵处所和食料来源。②人工捕捉。清晨于断苗附近顺痕迹搜杀；也可在大田幼苗期，每隔几米堆一堆青草或菜叶，于清晨集中捕杀。③毒饵诱杀，方法参照防地蛆。

(四)蛴螬

即金龟子幼虫。主要为害幼苗，咬食根茎，造成死苗。

防治方法如下：①施用腐熟粪肥。②用毒饵诱杀。方法参照地蛆防治方法。③用糖醋液或黑光灯诱杀成虫。

(五)潜叶蝇

是一种小蝇，在早春出现，体形甚小，长仅2～3毫米，银灰色。成虫产卵于瓜叶上，孵化后幼虫钻入叶内，潜食绿色叶肉形成弯曲潜道，随幼虫的成长潜道由细变粗，使幼苗光合作用受到影响，生长发育受阻，严重时叶片枯萎，造成死苗。

防治方法如下：①使用充分腐熟的有机肥，避免施用未经腐熟的有机肥料而招致成虫来产卵。②抓住产卵盛期孵化初期及时喷药。药剂有：40%乐果乳油1 000倍液、25%亚胺硫磷乳油1 000倍液、90%敌百虫晶体1 000倍液、2.5%敌杀死、20%速灭杀丁、40％菊马乳油均为 2 000 倍液喷洒叶子正反面。

(六)黄守瓜

又叫瓜守、黄虫、黄萤、瓜萤、瓜黄叶。成虫主要为害幼苗，蛀食叶片，甚至吃光叶片，也咬食成株叶片、花和幼瓜，并在长成的瓜皮上蛀食。幼虫(又叫水蛆)则在土中取食瓜根，成长后钻入根中和茎中，造成瓜苗枯萎死亡，也钻食瓜茎和瓜，对甜瓜危害极大。

防治方法如下：①大田提早定植，使甜瓜早开花结瓜，可减轻苗害。②在早晨露水未干，成虫飞翔力差时，进行人工捕杀，或傍晚在田间插树枝，早晨集中捕杀。③在成虫产卵盛期，可单用或混用草木灰、石灰粉、秕糠、锯末等，撒在瓜秧周围地面上，可防止成虫产卵和为害。④药剂防治。在瓜苗定植后，成虫盛发期，喷 90％敌百虫 1 000 倍液，连喷 2～3 次。防治幼虫可用 90％敌百虫 1 000～1 500 倍液或 30 倍烟草水灌根，每隔 10 天 1 次，共 2～3 次。

(七)蚜虫

蚜虫又叫蜜虫。为害甜瓜的蚜虫是瓜蚜，即棉蚜。蚜虫发生非常普遍，主要为害叶片、嫩芽、嫩茎。

防治方法：①及时清除田间残枝败叶，铲除田边杂草，消除蚜虫孳生地。②在田间地头多插几块黄色诱蚜板进行诱杀。黄色诱蚜板的制作方法：首先在硬纸板、纤维板或三合板上面涂刷一层深枯黄色油漆，漆干后再涂一层透明的 10 号机油。由于蚜虫最喜欢橘黄色，那些有翅蚜见到枯黄色的诱蚜板后，都纷纷飞来落在诱蚜板上并被机油粘住，从而达到诱杀的目的。也可在瓜田的一头悬挂银灰色薄膜来驱赶有翅蚜，不让它们落地产卵。③药剂防治。可用 20％速灭杀丁或 2.5％敌杀死、2.5％功夫、40％菊马乳油等 2 000～3 000 倍液喷洒于叶片背面及嫩茎等蚜虫喜欢聚集的部位。

(八)红蜘蛛

又叫叶螨。主要以成螨、幼螨,若螨在叶背吸食汁液,并吐丝结网。初期叶面出现零星褪绿斑点。严重时布满小白点,叶面变成灰白色,全叶干枯脱落。

防治方法如下:①及时清除田间杂草以及残枝败叶。②红蜘蛛繁殖极快,田间一旦发现,应立即喷药灭虫。可用73%克螨特乳油1 000倍液或25%灭螨锰可湿性粉剂1 000倍液、20%复方济阳霉素1 000倍液、50%硫悬浮剂200～300倍液、40%菊杀乳油2 000～3 000倍液喷雾。

第七节　角瓜栽培技术

一、早春大棚角瓜栽培技术

(一)播种育苗

1. 育苗、种子处理及浸种、催芽

在30℃的温水下浸泡4～5小时捞出,放在25～28℃环境下催芽,一般1～2天后发芽,芽长0.2～0.4厘米时即可播种。

2. 播种

为了减少伤根而影响早熟性,促进根系发育和强壮,用8×8的营养钵,营养土的配制,田土6份,腐熟圈肥4份,过磷酸钙24份,50%多菌灵可湿性粉剂80克充分混均装钵,浇足底水,待水渗下去后,将种子平放,在钵内,盖上2厘米左右的细土。

3. 苗期管理

播种后保持室温25～30℃,3～4天即可出苗,出苗前管理好苗床温度,一般将其控制在25～30℃,当有70%以上的幼苗出土后去掉薄膜。出苗后白天温度保持在18～23℃,夜间温度保持在7～15℃。苗期浇水一般要见干见湿。白天适当降至20～25℃，夜间保持在10～15℃，白天室温超过25℃时通风，以防止茎叶徒长影响雌花的发育形成，定植前一周进行幼苗的低温炼苗，白天控制在15～20℃之间，夜间8～12℃。最低可降至5℃，以利于幼苗适应定植的棚温。苗期一般不浇大水，当幼苗长到三叶心时即可定植。

(二)定植

当棚温夜间最低气温不低于8～10℃；10厘米地温稳定在13℃以上时即可定植。

1. 整地

每亩用腐熟的农家肥5～6立方米或腐熟的鸡粪2 000～3 000千克，磷酸二铵50千克均匀撒于地面，深翻30厘米，起垄定植。

2. 定植方式

定植方式有两种：一种是大小行定植，大行80厘米，小行50厘米，垄高20～25厘米；另一种是等行距定植，垄高做成宽60厘米高20厘米的高垄。棚内消毒，大棚膜扣好后，在定植前15天用45%百菌清烟剂熏烟，严闭10天左右。

定植密度：春茬大棚角瓜栽培，定植密度应适当加大，一般株行距为(45～50)厘米×(60～70)厘米，每亩2 000～2 500株。

(三)定植后的田间管理

1. 温度管理

定植后在缓苗阶段大棚不通风，尽可能提高棚内温度，促使幼苗早生根、早缓苗，白天棚内温度应保持在25～30℃，夜间12～15℃，促进根系发育，有利于雌花分化和早结瓜，坐瓜后白天棚温提高到22～26℃，夜间15～18℃，最低不低于10℃。

2. 肥水管理

定植后根据商情浇1次水，促进缓苗。根瓜坐住前要控制浇水、追肥，过多的肥水极易引起茎叶生长，落花落果率提高。当第一个瓜坐住，长到10厘米左右时，浇1次催瓜水，每亩冲施氮、磷、钾复合肥10～15千克，浇水要选择晴天上午进行，浇水后在棚温上升到28℃时放风排湿，结合叶面施肥，如0.1%～0.3%磷酸二氢钾、爱多收6 000倍或光呼吸抑制剂等叶面肥，增强光合强度，延长植株生育期，后每摘2～3次瓜冲施1次氮磷钾复合肥25千克/亩。

3. 二氧化碳施肥

二氧化碳是植物进行光合作用不可缺少的原料，为了满足生长发育要求，可以补充二氧化碳气肥，增加光合作用，提高产量。

4. 保花保果

角瓜无单性花结实习惯，常因授粉或激素才能保定坐瓜。方法：上午8～10时，取当日开放雄花去掉花冠抹在雌花柱头，还可以用防落素抹在花柱头或用赤霉素喷雾。也可对称涂抹幼瓜两侧。

二、角瓜生产中常见的病害

（一）角瓜病毒病

1. 症状

主要是黄化皱缩型、花叶型及两者混合型。

（1）黄化皱缩型。病株上部叶片初期沿叶脉失绿，并出现黄绿斑点。后整叶黄化，皱缩下卷，植株矮化，最后病叶坏死，全株干枯。发病早，全株枯死，发病晚，枯死少，但顶部节间明显变短。病株花冠畸形，色较深，雌蕊柱头短曲，大部分不能结瓜，少数结瓜小且布满大小的瘤或密集隆起的皱褶。

(2)花叶型。苗在4～5片叶时开始发病。新叶初呈明脉及褪绿的斑点，接着变为花叶或大块褪绿，后期病株矮化，顶部变形似鸡爪。病株果小而畸形，有疣状突起。

(3)混合型。两种症状在同一株上出现。

2. 病原

病毒通过汁液摩擦和蚜虫传病，种子也可带毒，尤其是种子是后期结瓜所留。高温高湿或连续低温是发病的条件。栽培技术也影响发病轻重。适期早定植的病轻，迟定植的病重。定植后苗期连浇大水或浇水后遇雨，地表板结，地温降低，影响发根缓苗，则病重。

3. 防治

(1)选用抗病品种，培育壮苗。

(2)种子消毒。用10%磷酸三钠浸种20分钟或用55℃温水浸种15分钟，然后用水冲洗干净，催芽播种。

(3)栽培防病。增施有机肥，早种早收，避开蚜虫、高温和发病盛期。苗期少浇水，多中耕，结瓜期肥水和温湿度调节适宜。早期发现病株，及时拔除烧毁，农事操作注意防止传病毒。

(4)药剂防治。发病初期喷20%病毒A可湿性粉剂500倍液，抗毒剂1号250倍液，NS-83增抗剂100倍液。

(二)角瓜白粉病

1. 症状

苗期至成株期均可发病，主要为害叶片，其次是叶柄和茎，果实受害最少。初期产生白色近圆形小粉斑，叶正面较多，其后扩展成连片的白粉斑，严重时整叶布满白粉。后期病斑上产生黄褐色小粒点，甚至变黑。

2. 病原

在瓜类作物和病残体上越冬。高温干旱与高湿交替出现易发病。

3. 防治

(1)选用抗病品种。一般抗霜霉病的品种也抗白粉病。

(2)加强栽培管理。

(3)物理防治。发病前或发病初喷 27%高酯膜乳油 100 倍。

(4)药剂防治。25%粉锈宁 2 000 倍,50%甲基托布津 800 倍,20%敌菌酮胶悬剂 600 倍。要交替用药,喷雾时以成熟叶片及叶背为主。另外,定植前 2~3 天,每 100 立方米,用硫黄粉 250 克,与锯末 500 克混匀,点烧熏蒸。

(三)角瓜灰霉病

1. 症状

主要为害果实。病菌多从开败的花侵入,病花腐烂并产生灰色霉层。后向幼瓜发展,顶尖褪绿,后呈水渍状软腐、萎缩,病部产生灰色霉层。

2. 病菌

在土壤或病残体上越冬。低温高湿是发病的条件。

3. 防治

(1)清除病残体

(2)加强栽培管理

(3)药剂防治。可用 10%速克灵烟剂每亩 250~300 克,傍晚密闭棚室烟熏。用 10%灭克灵或灭霉灵粉尘剂,每亩 1 千克喷粉。用 50%扑海因 1 000 倍,65%抗霉威 1 500 倍,65%甲霉灵 1 000~1 500 倍。

(四)角瓜绵腐病

1. 症状

主要为害果实。发病初呈水渍状暗绿斑,干燥条件,病斑扩展慢,仅皮下果肉变褐腐烂,表面生白霉。湿度大,气温高,整个果实变褐软腐,表面布满白色霉层。叶上初同果实,湿度大时,病斑似开水煮过状。

2. 病菌

主要在表土层中。低温高湿利于发病。

3. 防治

(1)加强栽培管理。采用高畦栽培,提倡膜下浇水,避免大水漫灌,阴雨天注意排湿。

(2)药剂防治。发病初喷 14%络氨铜水剂 300 倍,隔 10 天 1 次,连续 2～3 次。

第六章　设施蔬菜加工与贮藏

第一节　设施蔬菜的加工

一、白菜的保鲜与加工

(一)白菜保鲜

大白菜喜冷凉湿润,贮藏适宜温度0～2℃,空气相对湿度85%～90%,采用半地下式菜窖贮藏为宜。

1. 窖的建造

选择地势高、交通便利的地方建窖。按南北方向挖窖,宽4～5米,长20～30米,由地面向下挖1～1.3米。四周筑墙,高1～1.2米,厚1～1.2米,从窖底到窖顶高2.7米。每隔3.3米架一根梁,梁上架木椽,上铺木料、树杈等,上面盖2.5～3.5厘米厚的土。窖顶每隔3.3米留一个天窗,窖门设在东、南方向。距窖底50厘米处每隔3.3米挖一个30厘米的气眼通向地面。

2. 贮前准备

适时采收后,将白菜放倒在地里,晾晒2～3天,并翻倒1～2次。晒好后的白菜先进行预贮。将白菜一棵棵立着码好,3～5天倒1次。预贮要根据天气而定,如低温来得早,要及时入窖。

3. 贮后管理

大白菜在窖内码成数列高近2米,宽1～2棵菜长的条形垛，一般根对根排列，垛间留有一定距离，以便通风和管理。管理分 3 个时期：入窖初期（11—12 月）以防热为主。每隔 6～7 天倒菜 1 次，即将下部菜倒到上部，将烂叶去掉，同时利用天窗、气眼尽量通风换气；贮藏中期（1—2 月）以防冻为主。每隔 15～20天倒菜 1 次，减少通风次数。打开天窗通风时，应由小到大；贮藏后期（3 月后）以防热为主。每隔 7～8 天倒菜 1 次。一般夜间打开天窗、气眼。另外，如条件允许，在窖内搭成架子贮藏，每个架格存放 2～3 层菜，从白菜入窖到出窖不倒菜，这样不仅节省大量人工，又可充分利用窖内空间。

（二）白菜加工

1. 咸辣白菜

（1）选料。立冬后收获的大白菜。

（2）配方。大白菜 10 千克、食盐 1 千克、辣椒粉 100 克、花椒粉 10 克。

（3）制作方法。去根、老叶后，洗净、沥干，切成 4 瓣，菜心向上，按一层白菜、一层食盐放入缸中，每层淋少量水，装后压紧。每天翻菜 1 次，连续 3 天，即成菜坯。再将菜坯取出，切成小块或条，与辣椒粉、花椒粉搅和均匀，放入缸中压紧封口，10 天左右即为成品。

（4）质量标准。色橙黄，质清脆，咸辣适口。

2. 怪味白菜帮

（1）选料。选用质地鲜嫩、无破损的大白菜帮。

（2）配方。大白菜 10 千克，食盐 1.4 千克，辣椒粉、五香粉、大蒜末各 60 克，食醋 100 克。

（3）制作方法。制好大白菜帮，洗干净，切成 9 厘米长、3 厘米宽的菜块，然后在白菜块上用刀划上斜纹，装入缸内，用食盐泡渍 24 天后取出，沥干表面水分。然后把腌好的大白菜帮与配料拌和均匀，再装入缸内。每日翻1次，5天后即为成品。

(4)质量标准。浅黄白色，质地脆嫩、香辣可口。

3. 酸白菜

(1)配料。选中、小棵的鲜大白菜。

(2)配方。大白菜10千克、食盐0.3千克、适量的水。

(3)制作方法。将大白菜剔除老叶，整理，洗净，株形过大的划1～2刀，在沸水中烫1～2分钟，先烫叶帮，后放入整棵，使叶帮约透明为度，冷却或不冷却，放入缸内，加水或2%～3%的盐水，重石加压，自然发酵1～2个月后成熟即成品。此法制成的制品较易于保存。

(4)质量标准。菜帮乳白色，叶肉黄色，质地柔嫩，味美微酸。

二、萝卜、胡萝卜保鲜与加工

(一)萝卜、胡萝卜保鲜

1. 贮藏特性

胡萝卜与萝卜一样，无生理休眠期，在贮藏期间遇到适宜的条件便萌发抽薹并引起糠心。在贮藏中空气干燥、水分蒸发旺盛是造成薄壁组织脱水糠心的主要原因之一。防止萌发和糠心是贮藏胡萝卜的关键问题。

2. 品种与采收

胡萝卜以皮色鲜艳、根细长、根茎小、心柱细的品种较耐贮。适时收获对胡萝卜的贮藏很重要，收获过早，肉质根未充分膨大，干物质积累不够，味淡，不耐贮藏；收获过迟，则心柱变粗，易裂或抽薹，质地变劣，易糠心。收获适斯可视品种特性不同而异，在一般情况下，成熟的胡萝卜其心叶呈绿色，外叶稍稍呈枯黄状，味甜且质地柔软。收获时除去缨叶，并注意保持肉质根的完整，尽量减少表皮的机械伤。

3. 采后处理

胡萝卜采后要选出病、伤、虫蚀的直根，并对产品进行分级，以提高其耐贮性。在贮藏中易受病菌侵染，所出现的病害如白霉、灰霉和黑霉都是在田间侵染、贮藏期发病，可使胡萝卜脱色、组织变软而致腐烂。入贮前使用0.05%的扑海因或苯菌灵溶液浸蘸处理胡萝卜，能明显减轻腐烂症状。长期贮藏用的胡萝卜采后宜直接用清水洗涤，因引起胡萝卜细菌性软腐病的欧氏杆菌易在水中接种于损伤处，可用含活性氯为25微升/升的氯水清洗，以防止细菌入侵。

4. 包装与贮藏运输

胡萝卜的肉质根长期生长在土壤中，形成较完善的通气组织，同时因胡萝卜表皮层缺乏蜡质、角质等保护层，保水力差，易蒸发失水，贮藏时必须保持高湿环境，以防失水。因此，胡萝卜适于一定程度的密封贮藏，可采用聚乙烯薄膜袋包装或装筐堆码后用塑料大帐覆盖封闭贮藏。胡萝卜长期贮藏要求低温高湿，适宜的贮温为0～2℃，相对湿度为92%～97%。当贮温低于～1℃时便会受冻害，如长期高于3℃则易萌芽，故最好将贮温保持在1℃左右。贮藏期间要定期检查，挑除变坏的个体。一般在此条件下胡萝卜可贮藏6～7个月，管理好的可贮藏1年。常温下胡萝卜只可贮藏2～4周。

(二)萝卜、胡萝卜加工

1. 生晒脱水五香萝卜干

(1)工艺流程。鲜萝卜→洗涤→切条→晾晒→拌料→发酵→成品。

(2)操作要点。

①挑选整理。鲜萝卜要求成熟适度形状适中品种优良，含

水量低，含糖分高。挑选整理时剔除抽薹、糠心、腐败和受冻害的萝卜。②洗涤：用人工或机械洗涤洗至鲜萝卜无泥污流出清水为止。③切条：用人工或机械切条。条为正方柱形或三角柱形，长 8～10 厘米，宽 11.5～11.7 毫米，在切条前一律用人工切去叶丛、须根和尾根表皮上的斑点、刀伤等全部削除干净，争取做到条条带皮。④晾晒：民间常用串晒法用麻绳通过萝卜条的一端穿成串，每串 0.15～1 米挂在通风向阳处晒至每 100 千克鲜萝卜收得率 30 千克左右。工厂化多采用搭棚或搭架晾晒，架高 30～40 厘米铺晒帘放上萝卜条。每天上下午各翻拌一次，要求每条每面都能晒到太阳，晚上集中堆积。注意防霜冻、雾侵、雨淋。晒 3～5 天，晒至手触柔软、无硬条为止。收得率 30%左右。⑤拌料：按每百千克萝卜干坯加食盐 6～8 千克、白酒(50%酒精度)0.12 千克、五香粉 0.13 千克、苯甲酸钠(食品级)0.11 千克，翻拌均匀使所有辅料均匀分布在萝卜条上。⑥发酵：拌料后立即装进可装 25 千克的小口陶瓷坛内，装坛时用木棒压紧捣实，条块间无任何间隙，坛口处加盐 0.12 千克并用含食盐 8%～10%的咸稻草塞紧坛口，再用调匀的熟石膏或水泥黄沙封口。贮存在室内阴凉干燥处，使之在一定温度下进行乳酸发酵和酒精发酵及其他物理、化学反应，时间为 1～2 个月。

(3)质量标准。

①感官指标。

色泽：淡黄色、有光泽；香气：具有纯正的五香味及萝卜的自然香气；滋味：咸淡、鲜、甜适口；体态：整齐、规格大小一致，无杂质；质地：脆、嫩。

②理化指标。总酸(以乳酸计)0.15%，砷(以砷计)≤0.15 毫克/千克，铅(以铅计)≤0.10 毫克/千克，食品添加剂按 GB 2760 规定执行。

2. 雪红元的制作

(1)工艺流程。原料选择→刮皮切段→去心→预煮→糖腌→糖煮糖渍→糖煮起锅→上糖衣→烘干成品。

(2)操作要点。

①原料选择:选个头齐整、红嫩心小、无须根的胡萝卜。②刮皮切段:用水果刀刮净胡萝卜表皮,然后切成2厘米长的圆段或切成0.5厘米厚的圆片。③去心:用通心器(白铁筒,长25厘米,直径与胡萝卜心大小相当)去掉胡萝卜心。④预煮:将胡萝卜坯倒入沸水中煮10~15分钟,用手捏有较好的弹性时起锅,放入流水中迅速冷透。⑤糖腌:将胡萝卜坯用30%的糖液浸泡12~24小时。⑥糖煮糖渍:将胡萝卜坯于40%~50%的糖液中煮沸15~20分钟,然后连同糖液冷却浸渍。再调整糖液浓度至55%~60%,加热煮沸,边煮边搅拌,直至糖液浓度达80%,温度达112℃时即可起锅。⑦上糖衣:将煮好的胡萝卜冷却后倒入事先准备好的糖粉中上糖衣。如果比较潮湿,可在55~65℃的温度下烘干。然后将烘好的胡萝卜片放入密闭容器中回软1天,促使成品中水分平衡一致,再进行包装。

(3)质量标准。要求饱满完整,色泽鲜艳,有胡萝卜特色的香味,不返砂,不流汤。入口后,细腻爽口,并有一定韧性。橙红色的胡萝卜片上面再裹上一层洁白的糖粉,晶莹透亮,故称“雪红元”。

三、辣椒保鲜与加工

(一)辣椒保鲜

埋藏法:此法简单易行,利用辣椒喜凉怕热的特性,先在筐或箱底铺3厘米厚的泥或沙,后将选好的辣椒经过消毒处理,晾干后装入木箱或筐内,一层辣椒一层泥(沙),向上装至箱(筐)口5~7厘米处,再覆盖泥(沙)密封即可。贮藏的数量要视容器大小而定，木箱可贮10千克。筐可适当多装一点。

青椒的贮藏保鲜，以中、晚熟品种为好，贮前应先将摘下的青椒摊放在干燥的屋内晾2～4天。通常使用的贮藏方法有袋藏法。用宽25～30厘米、长40～50厘米的塑料袋，在袋上中下部用图钉扎透气小孔，装入青椒，扎紧袋口，放在8～10℃的温度下贮藏。

(二)辣椒加工

1. 酸辣椒的泡制

酸辣椒泡菜是我国传统发酵蔬菜食品之一，具有鲜酸可口、质地脆嫩、风味独特等特点，深受广大城乡人民喜爱。酸辣椒虽然是人们喜欢的一个泡菜品种，但是，我国产量还不高，现提出一种制作方法以供参考。

(1)工艺流程。新鲜辣椒→洗净→沥干→切分→硬化处理→厌氧发酵→配料→分装(真空包装)→成品。

(2)操作要点。

①原料：以个体较大肉质厚、组织紧密的青椒为原料。原料要新鲜，宜采收当天使用，避免积压和过高堆压。②清洗：洗净，沥干，挑选和剔除不合格品。将青椒用水冲洗并不断翻动，洗去表面可能残留的农药、化肥、泥土等杂质。③切分：根据需要适当切分备用。④硬化处理：将原料处理好后放入0.05%$CaCl_2$或K_2SO_4的盐水浓度为8%的盐水中浸泡，在25℃条件下泡制16天。⑤厌氧发酵：将硬化处理好后的辣椒接种老盐水发酵，大约16天。⑥配料：主要配料为2%的白砂糖、0.5%柠檬酸、0.01%糖精钠、0.03%苯甲酸钠和0.02%脱氢乙酸钠，用沸水溶化并经150目滤布过滤后加入辣椒中。⑦真空包装：采用不透明的铝箔袋真空包装。

2. 辣椒酱罐头的加工

(1)工艺流程。原料→浸泡→清洗→粉碎→拌料→装罐→

排气→封口→灭菌→冷却→保温→检查→成品。

(2)操作要点。

①采用新鲜、成熟度好，无虫蛀、病斑、腐烂的鲜红辣椒，于5%的食盐水中浸泡20分钟驱虫，然后用清水洗涤3～5次，洗净泥沙杂质，剪去蒂把。②按每100千克鲜辣椒加入1.5千克鲜老姜，老姜洗净，搓去姜皮，切成薄片，与鲜椒一起用粉碎机粉碎拌匀。③将粉碎好的辣椒酱加8%的食盐、0.5%的五香粉，拌匀后装瓶，称量定量。④在排气箱或笼屉内加热排气，当罐头料温达到65℃时，趁热立即封口，封口宜采用抽气封口，真空度为53 328.8帕。⑤玻璃瓶罐头采用沸水灭菌10～18分钟，然后用水浴冷却至38℃以下。⑥冷却后擦干水，送入25℃恒温箱内处理5昼夜，检查无问题可进行成品包装。

四、番茄保鲜与加工

(一)番茄保鲜

1. 保鲜特性

番茄性喜温暖，成熟果实可在0～2℃、相对湿度为80%～85%贮藏，但绿熟果在10～13℃比较适宜，低于8℃遭冷害，表现为果实呈现局部或全部水浸状，表面呈褐色斑块不能转红，易感染病害引起腐烂。在低氧、高二氧化碳的条件下，可以抑制番茄的呼吸作用，可明显延缓后熟的效果，并减少贮藏后期的病害。

2. 保鲜方法

(1)保鲜番茄的选择。贮藏的番茄应选子室少、种子腔小、皮厚、肉质致密、干物质和含糖量高、组织保水力强的品种，如橘黄佳辰、满丝、苹果青等。番茄在生长前期和中期，果实发育充实，耐藏性强，生长成熟期的果实只能作短期贮藏。用于长期贮藏的果实应在转色期以前采收，经过贮藏，其品质接近植株上的成熟果。

(2)窖或通风库保鲜。夏秋季节采用土窖、通风库、地下室、防空洞等阴凉场所进行贮藏。首先把采收后的番茄装在木箱或筐内，平放在地面或放在已搭好的菜架上，也可将番茄直接放在菜架上，每层架上放 2～3 层果实。因为这个时期外界温度高，窖内温度较高，在保鲜期间应尽量控制较低的贮藏温度，才能延长贮藏期。具体做法是：白天将通风口关闭，以减少外界气温的影响；夜间又将通风口打开，用风机或自然引入外界的冷凉空气，但在入冬以后，注意防寒保温。贮藏期间的温度保持在10～13℃之间，避免高于 15℃和低于 10℃。经半个月左右的贮藏，果实逐渐成熟，应将完全成熟的果实出库销售。用这种方法贮藏，贮期可达 30 天左右。

(二)番茄加工

1. 番茄酱的制作

(1)工艺流程。原料→洗果→挑选→破碎→预热→打浆→真空浓缩→加热→装罐→称重→封口→杀菌→冷却→成品。

(2)操作要点。

①原料验收：按加工专用品种的要求，不得混入黄色、粉红或浅色的品种，剔除带有绿肩、污斑、裂果、损伤、脐腐和成熟度不足的果实。“乌心果”及着色不匀且果实比重较轻者，在洗果时浮选除去。②选果、去蒂洗果：先浸洗，再用水喷淋，务求干净。番茄果柄与萼片，呈绿色且有异味，影响色泽与风味。去蒂时将绿肩和斑疤修去，拣去不适合加工的番茄。③破碎、去籽：破碎为预煮时受热快而均匀，去籽为防止打浆时打碎种子，若混入浆中影响产品的风味、质地和口感。破碎去籽用双叶式轧碎机，然后经回转式分离器(孔径 10 毫米)和脱籽器(孔径 1 毫米)进行去籽。④预煮、打浆：预煮使破碎去籽后的番茄原浆迅速加

热到 85～90℃，以抑制果胶酯酶和乳糖酸酶的活性，免使果胶物质降价变性，而降低酱体的黏稠度和涂布性。原浆经预煮后进入 3 道打浆机，物料在打浆机中受高速回转刮板的击打而成浆状，浆汁受离心作用穿过圆筛孔，进入收集器至下一道打浆器；皮渣、种子等则由出渣斗排出，从而达到浆汁与皮渣、种子相分离。番茄制酱须经 2～3 道打浆器，才能使制成的酱体细腻。三道圆筒筛孔和刮板转速分别为 1.0 毫米（820 转/分钟）、0.8 毫米（1 000 转/分钟）、0.4 毫米（1 000 转/分钟）。⑤配料、浓缩：按番茄酱的种类和名称要求酱体不同的浓度和配料。番茄酱是直接由打浆后的原浆浓缩而成的产品，为增进产品的风味，通常按成品计，配入食盐 0.5%和白砂糖 1%～1.5%。番茄沙司和智利沙司的配料有白砂糖、食盐、食用醋酸、洋葱、大蒜、红辣椒、姜粉、丁香、肉桂和豆蔻等调味品和香辛料。各生产企业按市场需求，配方变化较多。但产品食盐的含量标准为2.5%～3%，酸度 0.5%～1.2%（以醋酸计）。洋葱、大蒜等磨成浆汁加入；丁香等香料装入布袋中先熬成汁或直接将布袋投入，待番茄酱浓缩后取出布袋。番茄酱的浓缩分常压浓缩和减压浓缩。常压浓缩即物料在开口的夹层锅中，用 6 千克/平方厘米高压热蒸汽，使其在 20～40 分钟内完成浓缩操作。减压浓缩是在双效真空浓缩锅中，1.5～2.0 千克/平方厘米的热蒸汽加热下，物料处在 600～700 毫米汞柱真空状态下浓缩，物料所受的温度为50～60℃，产品的色泽和风味均好，但设备投资昂贵。番茄酱的浓缩终点，用折光仪来确定，当测得产品浓度较规定标准高出 0.5%～1.0%时才可终止浓缩。⑥加热、装罐：经浓缩的酱体须加热至 90～95℃随即装罐，容器有马口铁罐和牙膏形塑料袋、玻璃瓶，现有用塑料杯或牙膏形塑料管，将番茄沙司作为调料来包装的。装罐后随即排气密封。⑦杀菌、冷却：杀菌温度和时间按包装容器的传热性、装量和酱体的浓度流变性而定。杀菌后马口铁罐和塑料袋直接用水冷却，而玻璃瓶（罐）应逐渐降温分段冷却，以防容器破裂。

（3）质量标准。番茄酱浓度为28%，番茄红素含量不能低于35毫克/100克。

2. 酸番茄的制作

（1）配方。青番茄、红辣椒粉、辣根、芹菜、蒜头、丁香、苏联香草、食盐、苯甲酸钠、果醋。

（2）工艺流程。选料→清洗→打眼→配香料、盐水→装坛→封坛口→精制→装瓶→包装。

（3）操作要点。

①选料、清洗：选取未成熟的青番茄，用清水洗干净，沥去水。②打眼：将番茄平摆木板上，手持打眼器向下拍打，每个番茄打眼若干个，要求每个眼要穿透。打眼的目的是使汤汁进入番茄内，易于下沉。③配香料、盐水：粗制酸番茄的香料配方为，每50千克番茄用红辣椒粉、辣根、芹菜各375克，蒜头812克，丁香粉31克，苏联香草310克，于容器内混合均匀，配成香料待用。每50千克青番茄用水15千克、食盐1.5千克、苯甲酸钠125克，配好后入锅中搅匀煮沸，即为盐水。④装坛：将青番茄放入坛中，每装一层番茄匀撒一层香辛料，至装满坛为止，然后将混合盐水灌满坛中。⑤封坛口：在坛口盖2层油纸，用绳子捆牢，纸上再糊上水泥调黄沙，然后密封。封坛口最好在加汁后2小时内完成，不然坛内的番茄开始发酵，酸气外溢而散失。坛口必须封严，不能透气，封后不到发酵期满，切勿开坛。为了防止发酵过度，在发酵期后经一定时间必须更换汤汁。⑥精制：精制酸番茄所用的香料及盐水配方，除不用蒜头，加果醋和水各1.5千克外，其余同粗制酸番茄相同。首先将水、食盐、苯甲酸钠放入锅内，再将香料装入布袋，煮沸半小时左右，然后过滤，再掺进果醋，即可泡制。制作过程是：打开粗制酸番茄坛口，使番茄在

原汤中洗去附着的香辛料;然后将番茄切成1.5厘米的圆片,装瓶称重后灌满汤汁,将瓶盖拧紧。⑦包装:为便于运输,经检验合格后用木箱或纸箱包装。

(4)质量标准。成品酸番茄色彩光亮,口味清脆,酸辣有香味,果味浓郁,汤汁清澈透明。

五、南瓜、冬瓜保鲜与加工

(一)南瓜、冬瓜保鲜

贮藏用的南瓜应选取老熟瓜。老熟南瓜的果皮硬,呈现固有的色泽,果面蜡粉较多有利于保存。采收时保留一段果梗。同样,冬瓜也用老熟瓜贮藏。贮藏的瓜不能遭霜打,在生长期间应在瓜下垫砖或吊空,并防止日光暴晒。

南瓜和冬瓜贮藏的适温在10℃左右,空气相对湿度为70%~75%。可以贮存在空屋内或湿度较低的窖内,地面铺细沙、麦秸或稻草,堆放2~3层瓜。

1. 南瓜、冬瓜的堆藏

南瓜和冬瓜选好后可直接堆放在室内,堆放前在地面上先铺一层细沙、麦秸或稻草,再在上面堆放瓜果,堆放时要留出通道,以使检查。南瓜可将瓜蒂朝里,瓜顶向外逐个依次堆成圆堆,每堆15~25个,高度以5~6个瓜高为好,也可装筐堆藏,每筐不宜装得太满,离筐口应留有一个瓜的距离,以利于通风和避免挤压。瓜筐堆放可采用骑马式,以3~4个筐高为宜。贮藏前期,外界气温较高,要注意通风换气,降温排湿。室内空气要新鲜干燥,并保持凉爽。贮藏后期特别是严冬,要注意防寒,温度应保持在0℃以上。

2. 南瓜、冬瓜的架藏

架藏的仓位选择、质量挑选、降温、防寒和通风等要求与堆藏相同。所不同的就是在仓库内用木、竹或铁搭成分层贮藏架，铺上草包，将瓜堆在架上或用板条箱衬垫一层麦秸后，将瓜放叠成一定的形式进行贮藏，此法通风散热效果优于堆藏，仓位容量也比堆藏大，检查也较方便。

(二)南瓜、冬瓜加工

1. 南瓜粉制作

(1)工艺流程。原料处理→清洗→成丝晾晒→冲洗烘干→粉碎过筛→消毒包装。

(2)操作要点。

①原料处理：选择风味好、表皮平滑、瓜皮较硬、无病斑、肉质金黄的优质南瓜做原料，清洗干净后，去皮、蒂、籽，备用。②切丝晾晒：将处理好的南瓜用切丝机切成丝，放入清水中浸泡1小时，沥水后取出摊放于洁净场地上，自然风干或晒干。③冲洗烘干：先用清水冲洗掉瓜丝上的灰尘，后将瓜丝放入烘箱中，调节温度至70～80℃，烘8小时左右，含水量在6%以下即可。④粉碎过筛：粉碎机先消毒、晾干，然后将烘干的南瓜粉碎，经60～80目过筛成细粉状。⑤消毒包装：将粉碎过筛的粉末放入烘箱，80℃烘烤2小时消毒杀菌后，用真空包装机进行无菌包装即可入库。

2. 冬瓜条加工

(1)工艺流程。选料→刨皮→切分→浸灰→漂洗→预煮→冷却漂水→糖渍→糖煮→打糖衣→成品。

(2)操作要点。

①选择形态端正、充分成熟的冬瓜，刨去绿色皮层，先横切成5厘米的圈状，除去瓜瓤，再纵切成条状。②将切好的瓜条浸入含0.6%的蚬灰(或熟石灰)液池中8～9小时。利用钙质增强瓜条的坚实性和脆感。③将浸灰后的瓜条捞起，用清水漂洗清

除灰分，再放入沸水中预煮，至瓜条呈透明状时捞起，即放入流动的冷水中冷却、漂洗，至完全无灰味为止。④捞起漂洗干净的瓜条，沥干水后放入装载容器中并加入瓜质量20%～25%的白糖，一层瓜一层糖进行糖渍，待糖粒完全溶化(8～10小时)，倒出其中的糖液再加入白糖，煮沸并浓缩至40%～50%糖度，再倒入瓜条中腌渍8～10小时。⑤最后将瓜条和糖液一并倒入锅中煮沸并加糖至浓度达75%，趁热捞起瓜条，沥去糖液，倒入抖动的筛中，边筛边搅拌，使瓜条在搅拌中冷却、结析出粉状糖衣。待完全冷却后，用防潮纸或塑料袋包装即为成品。

(3)质量标准。乳白色或乳黄色，色泽基本一致；条形均匀，条长基本一致，条身干爽，表面有糖粉，无杂质；质地滋润，味清甜，有冬瓜味，无异味。含糖量>70%；含水量<20%。

第二节　蔬菜贮藏和保鲜

一、花椰菜

花椰菜又称菜花，是我国北方常生产和栽培的一种以花球为主要食用部位的蔬菜。

花椰菜球肉质柔嫩，含水较多，无保护组织，喜凉爽湿润。收获过早花球小而松散，产量低且收获后气温较高，不利于贮藏；收获过晚，花枝伸长，花球衰老松散，品质差，也不耐贮藏。一般在花球充分膨大而紧实，色泽洁白，表面平整时采收有利贮藏。另外，收获时应保留短根和内层大叶，以利养分转移和保护叶球，并尽可能减少摩擦挤压等机械损伤。贮藏期间控制好贮温，当贮温高于8℃时，花球易变黄、变暗，出现褐斑，甚至腐烂；低于0℃易发生冻害，表现为花球呈暗青色或出现水浸斑，品质下降，甚至失去食用价值。控制好湿度，湿度过低或通风过快，会造成花球失水萎蔫，从而影响贮藏性；湿度过大，有利于微生物生长，容易发生腐烂。另外，花椰菜品种、产地和收获时期对其贮藏性有一定影响。

花椰菜适宜的贮藏温度为0～1℃。花椰菜贮藏适宜的相对湿度为90%～95%。

花椰菜的贮藏要点：

(1)适时采收。用于长贮长运的菜体要在8～9成熟时采收，采收时要留有3～4片叶子，花椰菜收获后，应进行严格挑选，剔除老化松散、色泽转暗变黄、病虫为害、机械损伤等不宜贮藏的花球。

(2)预贮。采收后，在通风阴凉处预贮1～2小时，严防风吹日晒和雨淋，待叶片失水变干时，将叶片拢至花球，用草绳或塑料条稍加捆扎即可。适期收获的菜花用2,4-D和BA细胞分裂素结合处理，对花球保鲜和防止外叶黄化脱落有一定效果。

(3)预冷入贮。选择优质花椰菜，装入经过消毒处理的筐或箱中，经充分预冷后入贮。冷藏库温度控制在0～1℃，20～24小时，相对湿度控制在90%～95%。花椰菜在冷库中要合理堆放，防止压伤和污染。冷藏的整个过程中要注意库内温、湿度控制，避免波动范围太大，同时，还要及时剔除烂菜。

二、洋葱

洋葱又称葱头和圆葱。在我国南方栽培较为普遍，北方也有栽培。耐贮，供应期长。洋葱是我国出口蔬菜的重要品种之一。

(一)贮藏特性

洋葱为2年生蔬菜，具有明显的生理休眠期(1.5～2.5个月)，食用部分是肥大的鳞茎。收获后经晾晒，外层鳞片干缩成膜质，能阻止水分进入内部，具有耐热、耐干的特性。洋葱品种间的耐性差异很大，按皮色可分为黄色、红(紫)色、白色三种；形状可分为扁球和凸球状。经比较耐贮性认为：黄皮＞红皮＞白皮，扁球状＞凸球状；一般黄皮扁球形耐贮性最好，白皮凸球形耐贮性较差。

(二)贮藏条件

洋葱适宜的贮藏温度为 0～3℃；贮藏的适宜相对湿度为 65％～70％。洋葱贮藏喜干不喜湿，湿度过高会使洋葱生根，并且使腐烂加重。

(三)贮藏要点

(1)洋葱采收前 5～7 小时要停止灌水，防止采收过程中因含水量过大造成大量机械伤，对贮藏不利。采收时最好选择晴天干燥的天气进行，采收后立即装箱，要求平稳运送避免机械伤产生。

(2)晾晒处理。洋葱采收后要适当的晾晒愈伤处理。晾晒的目的是散发田间热、降低水分含量，加快愈伤组织的形成。同时有利促进外层鳞片失水干缩成膜质化鳞片。一般在田间的阴棚或贮库等预贮晾晒场(遮阴棚)中进行。晾晒的时间视温度条件而定，当温度在 24℃以上时需 1～2 周。另据报道，采收后有 40～45℃的干热空气连续处理 12～16 小时，同样能达到晾晒的目的。

(3)当外层鳞片完全膜质化，叶片干缩枯萎后，去掉泥土，剪去枯萎的叶片和须根，挑选出组织坚实，无病虫害、无机械伤的葱头装箱或装入编织袋。

(4)预冷及入贮。葱头经过采后处理，便可入库预冷，用差压通风冷却方法预冷，也可用强制通风冷却方法预冷。最好在 24～48 小时内将品温降至 3～5℃，然后转入冷藏库，按照一定的形式垛码，控制贮温在 0～3℃，相对湿度为 65％～70％的条件进行管理。

三、青椒

青椒属于茄科植物。目前，全国各地广泛栽培，果实内含有丰富的维生素C，是广大人民喜爱的蔬菜。

（一）贮藏特性

青椒主要有甜椒和辣椒两种。青椒含水量高，贮藏环境中湿度过低，水分将大量蒸发，果实萎蔫，贮藏期易发生失水、腐烂和后熟变红。长期保鲜的青椒，应选择肉质肥厚、色泽深绿的果实，要选择青皮光亮的晚熟品种。青椒采摘、运输过程中防止机械损失，否则会产生伤呼吸和细菌感染，而引起腐烂变质。试验证明，霜前采收的青椒，在较低温度下贮藏可以延缓青椒的后熟。

（二）贮藏条件

适宜的贮藏温度为7～11℃；相对湿度控制在90%～95%。

（三）技术要点

（1）采收及采后处理。采收前5～7小时禁止灌水，一般在晴朗的早晨或傍晚气温较低时，采收遇雨或露水未干时不宜采收。采后在田间的遮阴棚中，挑选果实充分肥大，皮色浓绿，果皮坚实而有光泽，无病、虫害，无损伤腐烂者（即做适当的分级处理），同时，进行防腐处理和使用保鲜剂。

（2）包装。包装的形式可用木质的筐（或塑料周转箱）或箱底可以垫纸，也可以用湿蒲包衬垫。最好把蒲包洗净，用0.5%的漂白粉浸泡消毒，沥水后使用。筐顶可用纸或湿蒲包覆盖。为了增加保湿性，可内衬保鲜袋。装箱时要轻拿轻放，不要硬塞或装箱以免运输时振动、摩擦。

（3）预冷处理。包装后应迅速进行预冷处理至10℃。

（4）入库贮藏。按要求进行库房处理、垛码、入贮。在贮藏期间依品种不同，控制贮藏温度在9～11℃；相对湿度控制在90%～95%；在贮藏期间要做到经常检查，发现问题及时处理。

四、甘蓝

甘蓝属十字花科植物，我国南北均有生产栽培，是大众喜爱的主要蔬菜之一。

(一)贮藏特性

甘蓝是以肥嫩的叶球为产品，贮藏特性与大白菜有很多相似之处，对贮藏条件的要求也基本一致。从品种上看，晚熟品种结球坚实，外叶粗糙有蜡质，较耐贮；甘蓝结球形状可分为尖头、圆头和平头三种，经试验比较，平头形甘蓝结球坚实，品质好，极耐贮藏；圆头形次之；尖头形、结球不实，耐贮性差。甘蓝有休眠期，这是耐贮藏的一个先天条件，但它在贮藏过程中呼吸作用比较强，如果贮藏条件不适宜，整个休眠期将大大缩短。因此，在贮藏中要创造条件，抑制呼吸作用，延长休眠期。在贮藏中温度偏高会促进呼吸作用加强，从而导致发芽抽薹，营养物质损失；同时，呼吸加强会造成热量积累，引起病害，大量腐烂、脱帮。甘蓝容易失水，失水后的甘蓝整体变软、变黄、萎蔫，甚至不能食用。机械损伤能促进呼吸作用，加快水分的散失，同时还为病原微生物的感染创造了条件。因此，收获时应尽量减少人为的机械伤害，贮藏期间应进行严格挑选。

(二)贮藏条件

甘蓝适宜的贮藏温度为0℃，贮藏期间，要求环境湿度95%～98%。

(三)技术要点

(1)适时采收。采收前7～10小时内不得灌水，防止因水大造成菜体崩裂，影响贮藏性。采收时要注意选择无病虫害，包心坚实的作为贮藏用菜，在采收过程中避免人为机械伤的产生。

(2)修整去根。采收后做适当的修整处理，摘除老叶、黄叶及伤残叶片，去掉老根。留3～6片叶子将菜体包裹起来，有利于贮藏。

(3)晾晒处理。由于采收后含水量较高，外叶脆嫩，易遭损伤和病害，不利于促进休眠和长贮。适度的晾晒可以使组织部分失水分，外叶萎蔫变软，一般失水率为10%～15%为宜，另外，适当的晾晒，可以杀死部分病原菌。

(4)预冷处理。对长期贮藏的菜体，在入贮前进行预冷处理，可防止消耗过多的冷库中冷量。如不进行预冷，则菜温下降缓慢，影响贮藏效果。

(5)入贮菜体。入库时可用筐装，垛码或直接摆在菜架上；进行贮期的温、湿度管理。

五、番茄

番茄又称西红柿、洋柿子，属茄科蔬菜，食用器官为浆果。番茄味道鲜美，营养丰富，是人们喜爱的果菜兼用品种。

(一)贮藏特性

番茄性喜温暖，不耐0℃以下的低温，但不同成熟度的果实对温度的要求也不一样。番茄果实的成熟度有明显的阶段性，各阶段表现出不同的生理特性的和对外界环境条件的不同要求，因而在贮藏上有明显反应。GB 8852—88根据果实及种子生长发育的程度将番茄果实的生长成熟过程分为7个时期。

(1)未熟期。果实及种子尚未充分生长发育定形，果皮绿色、无光泽、催熟困难，不宜采摘贮藏。

(2)绿熟期。果实定形，果面有光泽，由绿色变为白绿色，种子已长大，周围呈胶状，此时可人工催熟、采摘贮藏。

(3)变色期。由绿熟到红熟的过渡期，果脐周围开始出现黄色或淡红晕斑，果实着红面不到1/10。

（4）红熟前期。一至三成红熟，果实着红面1/10～3/10。

（5）红熟中期。四至六成红熟，果实着红面4/10～6/10。

（6）红熟后期。七至十成红熟，果实着红面7/10～10/10。

（7）过熟期。果实成熟过度，果肉组织开始软化。

番茄是典型的跃变型果实，当其体内达到一定的生理状态时，就会大量合成内源乙烯，对外源乙烯也呈现出明显的反应，体内乙烯的生成促进各种生物化学变化的快速进行，从而导致成熟和衰老。红熟番茄虽可贮在低温条件下，但这种果实是开始进入呼吸高峰或已经处在跃变后期的生理衰老阶段，即使采用0℃低温，也难以长期贮存。

（二）贮藏条件

一般认为，绿熟番茹在10～13℃，相对湿度85%～90%，O_2和CO_2均为2%～5%，可贮藏100天以上。低于8℃即遭受冷害，果实不能正常成熟。红熟果适宜的贮藏条件为0～2℃，相对湿度为85%～90%，O_2和CO_2浓度均为2.0%～5.0%。

（三）贮藏技术

（1）品种和成熟度的选择。贮藏的番茄应选择抗病性强，不易裂果，果形整齐，心室少，种腔小，果皮厚，肉质致密，干物质和含糖量高，组织保水力强的品种。目前，各地认为，满丝、苹果青、佛罗里达、台湾红、利生一号、强力米寿、久比利、佳宾、橘黄佳辰、农大23、红杂25等中晚熟品种比较耐贮。加工品种中较耐贮藏的品种有东农706、罗城1号、渝红2号、罗城3号、满天星等。

绿熟期、变色期的番茄耐贮性、抗病性较强，当其在适当条件下完成后熟过程，可以获得接近于植株上成熟的品质，长期贮藏的番茄应在这一时期采收。在贮藏中，尽可能使果实滞留在这一生理阶段，生产上称为压青。

（2）采收和质量要求选择。无严重病害的菜田，在晴天露水干后、凉爽干燥的条件下选择健壮植株上的番茄采收。采摘时要避免雨淋、暴晒。果实饱满、色泽正常、整洁、无病害、无损伤，剔除畸形果、裂果、日伤果、过熟果及极小果。

(3)包装。盛装番茄的容器应清洁、干燥、牢固、透气、美观、无异味，内部无尖凸物，外部无钉或尖刺，无虫蛀、腐朽霉变现象。纸箱无受潮、离层现象。包装容器内番茄的高度不要超过25厘米，单位包装重量以15～20千克为宜。

(4)贮藏方法。

①适温快速降氧贮藏。将贮藏温度控制在10～13℃，相对湿度85%～90%，O_2 2%～4%、CO_2 5%以下，此条件下番茄可贮藏45天，好果率可达85%，基本达到自然成熟番茄的质量。②常温快速降氧法。只控制气体成分，而不调节库温，要求O_2含量降到2%～4%和CO_2含量为5%以下，一般可贮藏25～30天。③自然降氧法。番茄进帐密封后，待帐内的O_2由果实自行降低到3%～6%或2%～4%时，再采用人工调节控制，稳定在这一范围，用这种方法贮藏番茄时，在地下室或秋季气温较低的条件下，效果较好。④半自然降氧法。帐内充入N_2，使O_2含量降到10%，然后用自然降氧法将帐内的O_2含量再降低到2%～4%，用常规气调法进行操作管理。⑤硅窗气调法。国内多使用0.08毫米厚甲基乙烯橡胶薄膜。帐内O_2含量维持在6%左右，CO_2在4%以下。⑥自发气调贮藏法。果实采收并用药剂处理后，便可以装入25厘米宽，35厘米长的保鲜袋，容量1.5千克，用塑料绳扎紧口，平摆在架子上低温下贮藏。

第七章 设施蔬菜市场营销

蔬菜属于鲜类农产品,由于含水量大,所以,极易腐烂、变质,储藏保鲜就成为了必备的生产与销售条件。

第一节 设施蔬菜营销的概述

一、蔬菜营销的一般特点

(一)蔬菜生产具有地域性和季节性

蔬菜生产受生态环境和地理条件的影响极大,优质果品都有其适宜的产区,而蔬菜和果品的生长发育必然受自然气候条件的制约,致使所有的蔬菜都不能在某地的任意时候收获,从而造成生产的季节性。这种季节性导致蔬菜常常在旺季供过于求,淡季供不应求,造成产品价格波动极大。

(二)市场容量大,产品品种多样

蔬菜是人人需要,常年消费的生活食品。人年均需要80千克的水果才能维持人体的健康。从营养角度考虑,人们每天需要数量充足、营养成分搭配合理的各种蔬菜。随着生活水平的提高和消费习惯的改变,蔬菜的需求量会越来越大。而蔬菜种类繁多,除了栽培学所讲的种类外,作为商品的蔬菜,还包括各种蔬菜的加工制成品。各种蔬菜产品由于其本身的特性不同、规格质量不同,使蔬菜商品多达上千个种类、数万个品种和规格。

(三)鲜嫩易腐性

蔬菜属于鲜活易烂食品,极易腐烂、变质,失去商品价值。因此,对储藏和运输的条件也比其他商品要求高,使得运输和储藏成本加大。

(四)产量的不稳定性

由于目前蔬菜生产受自然条件的影响,其产量具有不稳定性,因此,生产有较大的易变性与风险性。

二、蔬菜营销的一般要求

(一)快速流通

蔬菜属于鲜活易烂商品且时令性强,采摘后要及时储运,以保持其品质和新鲜度,减少养分消耗。蔬菜销售一定要赶“时先”,减少流通环节,快进快销。而且,为了最大限度地延长水果产品的寿命,多数水果产品需要在低温条件下流通,因此建立适宜的冷链流通系统十分重要,这也是水果产品流通发展的必然趋势。

(二)确保商品鲜嫩

蔬菜商品由于含水量大,存在易腐性的特点,在流通中很容易失水萎蔫甚至腐烂而失去商品价值,因此,在流通中必须保持商品鲜度。同时,经营者要及时了解市场供求状况,抓住有利时机,利用“短、平、快”的产品流通渠道进行销售显得格外重要。

(三)供给频度高,注意实现均衡供给

水果特别是蔬菜作为人们的生活必需品,需求价格弹性低,购买频率高。而且导致供给频率也高。而且供给多了不行,少了也不行,所以,在流通中一定要注意实现均衡供给。

(四)注意安全、卫生

蔬菜属于食品类,其卫生状况直接关系到消费者的健康。

流通中必须时刻注意产品卫生，防止有害物质的污染，以确保消费者的使用安全。

第二节　设施蔬菜成本、利润的核算

一、设施蔬菜收入核算

设施蔬菜栽培主要有春提早栽培、秋延后栽培及越冬栽培、越夏栽培等形式，经济效益显著高于露地生产，设施蔬菜收入主要是指单位时间内种植蔬菜所能够产生的所有经济收入，它与单位时间内所种植的蔬菜作物种类、品种以及茬次有关，同时，设施蔬菜收入也与蔬菜市场供求关系有关。

二、设施蔬菜成本核算

蔬菜种植不光讲收成，更要核算成本，以求得能够产生大的经济效益。成本是一种资产价值，是商品经济的产物，它是以货币表现的商品生产中活劳动和物化劳动的耗费。商品生产过程中，生产某种产品所耗费的全部社会劳动分为物化劳动和活劳动两部分，物化劳动是指生产过程中所耗费的各种生产资料，如种子、农药、化肥等；活劳动是指生产过程中所耗费的生产者的劳动。在商品经济条件下，商品价值（W）表现为消耗劳动对象和劳动工具等物化劳动的价值（C），劳动者为自己创造的价值，即活劳动消耗中的必要劳动部分所创造的价值（V）和活劳动消耗中剩余劳动部分为社会所创造的价值（M）。用公式表示为 $W=C+V-M$，其中即物化劳动和活劳动消耗两部分是形成产品生产成本的基础。物化劳动和活劳动是形成产品生产成本的基础，对于一个生产单位来说如种植户、农场及各种企业等，在一定时期内生产一定数量的产品所支付的全部生产费用，就是产品的生产成本。

(一)蔬菜生产成本核算的原始记录

主要是用工记录、材料消耗记录、机械作业记录、运输费用记录、管理费用记录、产品产量记录、销售记录等。此外，还需对蔬菜生产中的物质消耗和人工消耗进行必要的定额制度，以便控制生产耗费，如人工、机械等作业定额，种子、化肥、农药、燃料等原材料消耗定额，小农具购置费、修理费、管理费等费用定额。

(二)蔬菜生产中物质费用的核算

(1)种子费。外购种子或调换的良种按实际支出金额计算，自产留用的种子按中等收购价格计算。

(2)肥料费。商品化肥或外购农家肥按购买价加运杂费计价，种植的绿肥按其种子和肥料消耗费计价，自备农家肥按规定的分等级单价和实际施用量计算。

(3)农药费。按照蔬菜生产过程中实际使用量计价。

(4)设施费。设施蔬菜种植使用的大棚、中小拱棚、棚膜、地膜、防虫网、遮阳网等设施，根据实际使用情况计价。对于多年使用的大棚、防虫网、遮阳网等设施要进行折旧，一次性的地膜等可以一次计算。折旧费可按以下公式计算：

折旧费=(物品的原值－物品的残值)×(本种植项目使用年限/折旧年限)

(5)机械作业费。雇请别人操作或租用农机具作业的按所支付的金额计算。如用自备农机具作业的，应按实际支付的油料费、修理费、机器折旧费等费用，折算出每平方米支付金额，再按蔬菜面积计入成本。

(6)排灌作业费。按蔬菜实际排灌的面积、次数和实际收费金额计算。

(7)畜力作业费。使用了牛等进行耕耙，应按实际支出费用计算。

(8)管理费和其他支出。是种植户为组织与管理蔬菜生产而支出的费用,如差旅费、邮电费、调研费、办公用品费等。承包费也应列入管理费核算。其他支出如运输费用、货款利息、包装费用、租金支出、建造栽培设施费用等也要如实入账登记。

物质费用＝种子费＋肥料费＋农药费＋设施费＋机械作业费＋排灌作业费＋畜力作业费＋管理费＋其他支出

(三)蔬菜生产中人工费用的核算

我国的设施蔬菜生产仍是劳动密集型产业,以手工劳动为主,因此,雇佣工人费用在蔬菜产品的成本中占有较大比重。人工消耗折算成货币比较复杂,种植户可视实际情况计算雇工人员的工资支出,同时也要把自己的人工消耗计算进去。

(四)蔬菜产品的成本核算

核算成本首先要计算出某种蔬菜的生产总成本,在此基础上计算出该种蔬菜的单位面积成本和单位质量成本。生产某种蔬菜所消耗掉的物质费用加上人工费用,就是某种蔬菜的生产总成本。如果某种蔬菜的副产品(如瓜果皮、茎叶)具有一定的经济价值时,计算蔬菜主产品(如食用器官)的单位质量成本时,要把副产品的价值从生产总成本中扣除。

生产总成本＝物质费用＋人工费用

单位面积成本＝生产总成本/种植面积

单位质量成本＝(生产总成本－副产品的价值)/总产量

为搞好成本核算,蔬菜种植者应在做好生产经营档案的基础上,把种植过程中发生的各项成本详细计入,并养成良好的习惯,为以后设施蔬菜生产管理提供借鉴经验。

三、设施蔬菜经济效益核算

设施蔬菜种植要想获得较高经济效益,首先应当了解蔬菜效益的构成因素和各因素之间的相互关系,蔬菜效益构成因素一般由蔬菜产量、市场价格、成本、费用和损耗五个因素构成。各因素之间的关系可以用关系式表示：蔬菜效益＝（蔬菜产量－损耗）×蔬菜售价－成本－费用。总的效益除以种植面积就可以算出单位面积的效益。效益分析的另外一个因素就是产出比，其关系是：投入产出比＝成本/蔬菜效益，产出比可以反映出设施蔬菜生产的经济效益状况。

1. 种植产量估算

包括市场销售部分、食用部分、留种部分、机械损伤部分四个方面。

2. 产品价格估算

产品价格估算比较容易出现误差。产品价格受到市场供求关系的制约，另一方面蔬菜商品档次不同，价格也不同。产品价格估算要根据自己生产销售和市场的情况，估算出一个尽量准确的平均价格。

3. 成本的构成和核算

蔬菜种植中的主要成本，包括种子投入、农药肥料投入、土地投入、大棚农膜设施投入、水电投入等物质费用和人工活劳动力的投入。成本核算时要全面考虑，才能比较准确地估算。

4. 费用估算

费用估算是指在蔬菜生产经营活动中发生的一些费用，如信息费、通讯费、运输费、包装费、储藏费等均应计入成本。

5. 损耗的估算

损耗的估算主要指蔬菜采收、销售和储藏过程中发生的损耗，不能忽略损耗对效益的影响。

第三节　设施蔬菜的营销策略

一、蔬菜市场趋势分析

（一）国内市场

国内市场蔬菜需求将继续呈增长趋势，其主要原因是：

①我国人口将继续增长。预计到2015年我国将新增6 000多万人，按每天人均消费0.5千克蔬菜计算，将增加蔬菜消费1.1×10^{10}千克。②我国消费呈现多元化格局。国民消费从温饱型转入营养健康型，中低收入家庭，特别是广大的农村家庭，随着收入水平的提高，城镇化步伐加快，蔬菜消费将不断增加。同时，高收入家庭对安全、营养、保健、无公害蔬菜的需求将大幅度增长，对蔬菜品种的要求也会越来越高。

（二）国际市场

据FAO统计，进入21世纪，世界蔬菜消费量年均增长5%以上。按照此增长幅度计算，年均增加蔬菜消费4×10^{10}千克，到2015年总消费量将达到1.28×10^{12}千克。而由于劳动力成本的原因，发达国家蔬菜生产不断萎缩，今后还将减产，这为我国蔬菜产业的发展提供了更广阔的空间。2007年我国累计出口蔬菜8.17×10^{10}千克，与2000年相比增长1.55倍，远远高于世界蔬菜出口增长约1倍的平均水平。随着我国蔬菜质量水平的提高，采后处理设施和技术的改进，我国蔬菜生产的气候资源和低成本的优势将得到进一步发挥，蔬菜出口还有很大的发展空间。

二、设施蔬菜的决策

(一)产品策略

蔬菜产品主要包括3个层次:①核心产品,指消费者所追求的来自蔬菜产品的消费利益。②有形产品,指蔬菜产品的实体外观,包括蔬菜产品的形态、质量、特征、品牌和包装等。③附加服务和利益。如蔬菜产品买方信贷、免费送货、质量与信用保证等。在蔬菜产品营销策略方面,主要体现在以下几方面。

1. 蔬菜产品组合与品牌策略

蔬菜产品组合指蔬菜产品的各种花色品种的集合。蔬菜产品组合决策受到资源条件、蔬菜产品市场需求以及竞争程度的限制。一般而农户受资金与技术限制,适宜专业化生产,这种专业化往往与蔬菜产品基地建设和地区专业化相一致。蔬菜产品品牌策略包括以下几个方面:①品牌化策略,即是否使用品牌。蔬菜产品可以根据有关权威部门制订的统一标准划分质量等级,分级定价,同一等级的蔬菜可视作同质产品。②品牌负责人决策,农业生产者可以拥有自己的品牌,也可使用中间商的品牌,也可两者兼用。在品牌决策与管理过程中,一是要有一个好的品牌名称和醒目易识的品牌标志,二是要提高商标意识,提高品牌质量,注重品牌保护。③加强品牌推广和扩展,树立品牌形象,提高品牌知名度和品牌认知度。

2. 蔬菜产品包装策略

蔬菜产品包装可分为运输包装和销售包装,前者便于装卸和运输,后者便于消费。包装材料、技术、方法视不同蔬菜产品而定。蔬菜产品销售包装在实用基础上还要注意造型与装饰,可以突出企业形象,也可以突出蔬菜产品本身,展示蔬菜产品的功用与优势,也可赋予农产品包装文化内涵等。

3. 蔬菜产品开发策略

主要是对原有蔬菜产品的改良、换代以及创新,旨在满足市场需求变化,提高蔬菜产品竞争力。①创新蔬菜产品:指新物品发现后成功市场化的蔬菜产品。②改良蔬菜产品:是对原有蔬菜产品的改进和换代。通过育种等手段可改变农作物性状,进而改变蔬菜产品品质。③仿制蔬菜产品:主要是引种、引进利用他人创新或改良的蔬菜产品。

(二)价格策略

蔬菜产品目标市场和市场定位决定蔬菜产品价格的高低,面对高收入人群的高档蔬菜产品价格就高些;若蔬菜产品经营组织追求较高利润,价格也会高些;若为了提高蔬菜产品市场份额和生存竞争,蔬菜产品价格会低些。选定最后价格时,还应考虑到声望心理因素、价格折扣策略、市场反应、政府的蔬菜产品价格政策。随着蔬菜产品市场变化,蔬菜产品价格还应适时调整。蔬菜产品生产过剩或市场份额下降应当削价,超额需求和发生通货膨胀时应适当提价。

(三)分销策略

蔬菜产品分销渠道指把蔬菜产品从生产者流转到消费者所经过的环节,蔬菜产品可由生产商直接销售给消费者,即直接营销渠道,或经农业销售专业组织和中间商的间接营销渠道。蔬菜产品不易保存,应尽可能直销。农产品分销渠道可以选择密集分销策略、选择分销策略或独家分销策略。在渠道的选择上,不仅可以走专业、专营的道路,还可以与相关渠道进行合作与互补。

(四)全面质量管理策略

随着“无公害食品行动计划”的深入开展,现在食用无公害蔬菜已成为一种新的消费潮流。人们将更加注重生活保健,吃营养、食保健、回归自然、返璞归真是人类发展的必然。未来的几年内，谁能搞好安全无公害蔬菜营销，谁就能在激烈的市场竞争中占据主动。

(1)优质、新鲜 人们冬季吃青菜、淡季吃鲜菜早已不是什么新鲜事。因此，像白菜、萝卜等抗高温型反季节优质蔬菜，韭菜、黄瓜等多季型优质蔬菜品种的发展，不仅丰富了人们的菜篮子，还使农民尝到了高产、高效、热销的甜头。

(2)具有观赏价值 随着人们消费观念的逐渐变化，人们对果蔬越来越挑剔，不仅要好吃，还要美观。

(五)产品包装标准化

通过包装增值，提高蔬菜产品的包装可以增强市场竞争力。

总之，蔬菜产品营销需要在产品、渠道、价格、发展战略等方面创新，塑造差异，将蔬菜产品与服务有机结合起来，实现全面质量管理，提升蔬菜产品的附加值。

三、设施蔬菜定价的策略

公道的价格有时可以决定一件商品销售的好与坏，严重时可能影响商品整个销售业绩。如何把商品的价格制定得更加公道，在保持利润额的情况下，尽可能接近和满足顾客对商品的价格需求，已成为商家越来越重视的问题。影响价格最终形成的因素有很多，除了产品成本、竞争品分析、目标消费者分析以及需求确定等因素以外，还要考虑营销战略、企业目标、政府影响和品牌溢价能力等因素。因此，在确立新品价格的决策过程中，定价应依循以下几个基本步骤。

(一)选择定价目标

价格的确定必须和公司的营销战略相一致，不同时期的营销战略不同，其价格的制订也不相同。一般来说，与新品上市相关的定价目标大致有以下几种。

1. 追求利润最大化

新品是否处于绝对的优势，上市后在激烈的竞争中能否处在有利地位，如果能满足上述条件，那么就可以将追求利润最大化作为定价目标，将价格尽量定得高一些，实现公司以最快的速度收回投资的愿望。但在追求利润最大化的过程中，极有可能会因为品牌溢价能力的限制，导致产品销量增长缓慢。

2. 提高市场占有率

如果推出的新品，主要是为了提高市场占有率，那么采用极富竞争力的价格打入市场，逐步占领并控制市场的方法显得非常重要。高市场占有率为提高盈利率提供了可靠保证。但在此之前，公司应结合市场竞争状况，确定有利可图的销售目标。

3. 适应价格竞争

在激烈的市场竞争环境中，若市场的领导品牌不断发起价格战，应注意尽可能将新品避开价格战的影响，如不能避开，则应推行适应价格竞争的定价目标，以防止新产品上市之后，就一败涂地。

4. 稳定价格

若产品本身并没有非常突出的特点和优势，公司也无意挑起“价格战”，适宜采用中庸的定价目标，稳定价格。

(二)确定需求

一般来说，价格越低，需求越大；价格越高，需求越低。用来估计消费者需求的方法有很多种，通常我们会用以下两种。

1. 了解不同顾客对价格作出的不同反应

顾客通常会通过比较产品的不同价格以及产品可感知的使用价值或利益来判断自己所支付出的费用。换句话说，就是他花这个钱值不值得。最理想的情况是顾客对产品的感知价值超过他支付的购买费用，但这种情况基本不会出现。在定价决策过程当中，能收取的最高价格一般情况下是顾客能够感知到的价值，而我们所说的最低价格则是产品的可变成本。

2. 模拟销售

在新品上市前的一段时间里，将新品投放到不同城市或者是不同销售渠道进行展销或试销，通过实验调查，分析各地区的消费差异，快速了解消费者对价格水平的不同反应。

一般情况下，影响需求的因素还包括消费者对价格的敏感度和价格弹性等因素，如投放市场的该产品是不是具有独特的价值效应、有没有可以替代的产品、品牌的溢价能力如何、总开支效应是否良好等。当需求变化非常大时，则该需求弹性也相当大，价格就要适当降低。

(三)估计成本

需求在很大程度上决定了产品的价格，同时也包括确定最高价格的限度，而成本则是价格的底线。因此，要制定价格，首先必须考虑产品的所有生产、分销和推销成本，其次还要考虑公司所作努力和承担风险的一个公平的报酬。所以我们说在定价时估计成本是很有必要的。

成本包括两种形式，即固定成本和可变成本。估算成本的方法也有两种：一种是直接在现有成本的基础上加上公司的目标利润额，简单实用，但这种估算成本的方法忽略了市场的实际需求；另一种是目标成本法，即设法了解顾客愿意为产品支付什么价格，在确保目标利润的前提下，然后逆向确定产品生产成本，接下来通过竞争品分解或与供应商合作，来确定实际目标成本。这种方法虽然比较复杂一些，但它对市场需要的考虑非常充分，对于新产品的推广非常有利。

(四)分析竞争者的成本、价格和历史价格行为

分析竞争者的成本、价格和历史的定价行为，有助于准确制定新品价格。但在分析竞争者时需要注意，作为参照点，它对顾客也愿意支付相同的价格这一点不能确定。对于竞争对手的实际成本，越接近于真实的了解，就越有利于制定新品的价格。估计成本的方法也有很多种，常用的是利用逆向工程法，对竞争者的产品进行分解，即将它们拆开，仔细研究各个部件和包装的成本，由此来迅速掌握竞争者实际的生产成本。

调查竞争者产品的历史价格这种行为，对于了解竞争对手的经营目标非常有帮助。显然，如果某品牌的产品并没有过度、频繁地降低价格，那么这说明他的经营目标表面上看是利润导向的。此外，调查竞争者产品的历史价格这种行为，还可以帮助决策者预计性估测竞争对手下一步可能要采取的价格调整行为或反应。

（五）选择定价方法

定价方法是实现定价这一目标所采用的具体方法。各种定价方法可归纳为三类，包括成本导向、需求导向和竞争导向。

1．成本导向定价法

该方法以产品成本为定价的基础依据，主要包括加成定价法、损益平衡定价法和目标贡献定价法等。其中以加成定价法最为常用，成本定价法在使用过程中比较容易忽视市场需求的影响，难以适应市场竞争的变化。

2．竞争导向定价法

该方法以市场上相互竞争的同类产品价格作为定价的基本依据，随同类产品价格的变化对价格进行上下调整。主要包括通行价格定价法和主动竞争定价法等。通行价格定价法是较为常用的一种，它主要是通过与竞争者和平相处，避免激烈竞争产生风险。此外，通告价格带来的结果是价格水平相对比较平均，消费者比较容易接受，对于企业来说也有盈利收入。

3. 需求导向定价法

该方法是以消费者的需求情况和价格承受能力作为定价的基本依据，目前，此方法开始受到企业的重视。主要有理解价值定价法和需求差异定价法。理解价值定价法，主要是根据消费者对商品价值的感受及理解程度来制定商品的定价。消费者在与同类商品进行比较时，通常情况下都会选择既能满足消费需要又符合其支付能力的商品。因此，若价格刚好定在这一限度内，会促成消费者购买产品。理解价值定价法的关键是市场定位，突出产品与其他同类产品相比所具备的特征，使消费者感到购买这些产品能获得相对较多的利益。

定价也要讲求策略，定价策略一般分为高价、中价、低价3种。由于市场环境不同，定价对象不同以及实施方法的差异，又可细分为多种策略。采取与实际情况相对应的定价策略，对实现卖场的经营目标非常重要。采用何种定价策略，必须要考虑多种因素，其中最重要的因素是商品必须要有需求弹性，另外，卖场自身的经营状况和竞争对手的状况等因素也比较重要。定价的策略包括以下几点。

(1)阶段性定价策略。所谓阶段性定价策略，就是根据商品所处市场寿命周期的不同阶段来制定价格的策略。这一定价策略主要是根据不同阶段商品的成本、供求关系和竞争情况等变化的特点，以及市场接受程度等，采取不同的定价策略，以增强商品的竞争能力，扩大市场有率，从而尽可能地为卖方争取较大的利润。

①导进期定价策略。高价定价策略的依据是在消费者中间，有部分收入较高的人，对商品有特别的偏好，愿意出高价购买，对于这一类的商品，一般可采用高价定价策略；低价定价策略是高价策略的反面，即有意把新品牌的商品价格定得很低，必要时甚至微量亏本出售，以通过增加销售量的方式来达到渗透

市场，以此来迅速扩大市场占有率。低价定价策略适用于商品需求富于弹性时的情况，由于低价能够相应扩大产品销量，或者说存在着一个广阔的潜伏市场，卖场能够从销量的增加中获得利润。中价定价策略以价格稳定和预期销售额的稳定增长为目标，力求将价格定在一个适中的水平上，所以也称稳定价格策略。这种策略一般使用不多。

②成熟期定价策略。商品在市场上拥有一定的成熟度以后，顾客需求量呈饱和状态，销量已达顶点，并开始呈下降趋势。在这个阶段，一般采用竞争定价策略，将该品牌商品价格定得低于同类商品，以排斥竞争者，维持销售额的稳定或进一步增大销售额。

③衰退期定价策略。衰退期是商品市场生命周期的最后阶段，在衰退期，商品的市场需求和销售量开始呈大幅度下降趋势，利润也日益缩减，这个时期常采用的定价策略有维持价格策略和驱逐价格策略两种。维持价格策略是指维持商品在成熟期的价格水平或将之稍作降低的策略；驱逐价格策略指有意将价格降到完全没有利润的水平，以期达到将竞争者驱逐出市场的目的。

(2)因人制宜的定价策略。从实际出发，根据购买者的具体心理特点和详细的要求，制定有针对性的、效果明显、本钱公道的营销策略，是卖场营销决策的基本原则。商品定价策略也是一样，首先就是根据不同消费者的群体特征和心理特点采用相应的定价策略，这就是因人制宜的定价策略，具体包括：①习惯定价策略。即根据目标顾客群体长期对该类商品价格的认同程度和接受水平进行定价。②理解价格定价策略。即根据不同消费者群体对商品价值的不同需求、不同理解，来决定不同市场的价格定位。③区分需求定价策略。即根据不同顾客的心理特点，制定相适宜的价格水平以符合消费者的预期要求，对于顾客群体分散或者价格心理偏差明显的市场，卖场应该仔细分析，区别不同消费者群体的实际需要及其相应的消费特点，分别制定适宜的策略。

四、设施蔬菜的促销策略

销售对路的产品是设施蔬菜营销企业扩大销售的前提，合适的定价方式是设施蔬菜营销企业扩大销售的基本条件，合理的促销则是设施蔬菜企业扩大销售的必要手段。

（一）促销与促销组合

1. 促销与促销组合的概念

促销，顾名思义指促进销售，是指企业通过人为和非人为的方式将企业产品的特点及所能提供的服务信息传递给顾客，激发顾客的购买欲望，影响并促成顾客购买行为的全部活动的总称。促销是企业市场营销组合的重要组成部分，它可以帮助促销者树立良好的企业形象。促销组合指企业特定时期根据促销的需要，对广告、人员推销、营业推广等各种促销手段进行适当选择和综合运用，共同促进某一产品销售的方法。

2. 促销的作用与原则

促销的作用是为了促进消费者了解、信赖并购买本企业产品，21 世纪是一个数字化、信息化的时代，传统的“酒香不怕巷子深”的营销方式，在当今这个时代已经不适用了，无论是精美的商品，还是优良的服务，都必须通过宣传促销让消费者充分了解，才能达到增加销售量的目的。一个良好的促销计划对实现营销目标非常重要。促销具体有以下几方面的作用。

(1)沟通信息，消除生产经营者和消费者之间的时空矛盾我国地域广袤独特，造就了许多特色鲜明的设施蔬菜产品，同时也形成了产、销、消之间的时空矛盾，生产者有好的产品却因为消息闭塞而找不到好的销路，而中间商和消费者又因为不知道哪里有卖这样的商品而不能满足自身的需要。

(2)刺激需求，开拓市场，扩大销售一般商品需求都是有弹性的，需求不但可以诱发、创造，还可以抑制、减少。有效的促销方式在一定条件不仅可以诱导激发需求，而且还可以创造需求。既可以在某种因素的作用下扩大需求，也可以因某种原因导致需求的减少。

(3)可突出园艺产品生产经营者的经营特色和产品特色在激烈的市场竞争中，很少有处于垄断地位的园艺生产经营者，独一无二的园艺产品也很少，在这种情况下通过有效的促销活动，可以树立良好的企业形象，突出自身企业的经营特色和园艺产品特点，通过购买本企业产品可以给中间商或消费者带来的特殊利益，扩大知名度，从而使顾客对本企业及本企业产品产生青睐，树立重复购买本企业产品的信心。即使在市场衰退、销售下降的情况下，通过促销也可以稳定顾客群体，达到让更多的人购买本企业园艺产品的目的，使销量回升。促销的原则是：要恰当采用促销方式，实事求是地把商品和服务信息传递给顾客，促销过程中不能通过贬低竞争对手的方式来提升自己。促销是一个渐进的过程，只有消费者了解并信赖这个产品，才有可能购买。

(二)促销方式

广告促销、人员销售、营业推广、公共关系促销是园艺企业促销组合的四大要素，其中，广告促销是应用范围最广、应用频率最高的促销方式。

1. 广告促销

(1)广告的概念。广告是指商品经营者或者服务提供者，通过一定媒介直接或间接地介绍自己所推销的商品或所提供的服务或观念，属非人员促销方式。

(2)广告促销的特点。

①信息性。通过广告可以使消费者了解某类产品的信息。消费者在没有购买之前对产品有了一定的了解,这样对缩短打开市场的时间非常有利。

②说服性。广告是人员推销的补充,人员在进行推销时如果先有广告做基础,可加快顾客购买速度,坚定顾客购买的决心。随着时间的流逝,顾客可能对企业及企业产品渐渐淡忘,广告还可以起到刺激顾客记忆的目的,说服其购买。

③广告信息传播的群体性。广告不是针对某一个人或某一个企业而设计,而是针对某一个受众群体设计的。同时,由于广告是利用某种媒介发布,所以广告的接受者一定是群体而不是个体。

④效果显著性。随着人们生活水平的提高,尤其是电视机的普及,人们接触宣传媒体的机会增多,速度加快,一则好的广告会迅速被消费者熟悉并传播开来。

(3)广告宣传的原则。

①真实性原则。我国广告法对广告活动提出了应当真实合法、符合社会主义精神文明建设的要求,并特别提出,广告不得含有欺骗和误导消费者的内容。广告的生命在于真实,进行广告宣传时必须真实地向消费者介绍产品,不可夸大其辞误导消费者。例如,某些蔬菜或水果具有一定的食疗价值,但在广告中一定不能说成是具有治疗作用。

②效益性原则。设计、制作、发布广告之前必须要做好市场调查,有些广告媒介费用很高,要根据宣传的目标、规模、任务、市场通盘考虑,从实际出发,节约成本,以最少的广告费用,取得最大的效益。

③艺术性原则。广告内容往往通过艺术形式表现出来,无论是电视广告、印刷广告、广播广告或其他广告,都分别通过美的语言、美的画面、美的环境将广告意念全方位地烘托出来。要

处理好真实性和艺术性的关系，艺术形式不得违背真实性原则，要运用新的科学技术，精心设计广告，要给人以美感。

2. 人员销售

人员销售是为了达成交易，通过用口头介绍的方式，向一个或多个潜在顾客进行面对面的营销通报。这是一种传统的推销方式，人员销售与其他促销方式相比优点十分显著，所以至今仍是营销企业广泛采用的一种促销方式。

人员销售有以下优势：①灵活、针对性强。销售人员直接与顾客接触，针对各类顾客的特殊需要，设计具体的推销策略并随时加以调整，及时发现和开拓顾客的潜在需求。对顾客提出的问题要及时解答，消除顾客的顾虑，促成其购买行为。②感召顾客、说服力强。满足顾客需要，为顾客服务是实现产品销售的关键环节。销售人员直接与顾客接触，通过察言观色的方法准确了解顾客心理，从顾客根本利益出发，为顾客解决困难，提供优质服务，从而与顾客之间建立起一定的感情，使顾客产生信任感，最终促成销售。③过程完整，竞争力强。人员销售是从选择目标市场开始，通过对顾客需求的了解，当面介绍产品的特点，如蔬菜可品尝，可观、闻；也可通过提供各种服务，说服顾客购买，最后促成交易。随着过程的终结，也就实现了销售行为。人员销售的这一特点是任何促销方式所不具备的。

3. 营业推广

营业推广是企业为了刺激中间商或消费者购买园艺产品，利用某些活动或采用特殊手段进行非营业性的经营行为。根据营业推广的对象不同，可分为面向中间商的营业推广和面向消费者的推广两种。

(1)营业推广的几种具体形式。

①折价、差价销售。折价是根据购买数量、购买时间、是否现金结算、运费承担、责任等在商品原价格基础上打一个折扣，

这和残次商品的削价处理不同。例如，蔬菜上午因为货品新鲜按正常定价销售，晚上由于损失一部分水分而使感观质量下降，这种情况下，可在原价格基础上适当打折销售。再如，中间商往往是大宗购买，可以按批量实行批量差价，这样做一方面可以鼓励中间商多进货，另一方面也可以稳定老客户，同时发展新客户。季节差价也是常用的差价依据。

②附赠品销售。是指以较低的代价或向购买者免费提供某一物品，以刺激购买者购买某一特定产品的销售行为。例如，某一消费者购买蔬菜种子，附赠一定数量的肥料，或附赠另外一种商品。

③其他形式。如召开产品推介会，举办园艺产品专门的活动节、推介会等。请购买者自采自摘也是目前兴起的一种新的营业推广形式。某些大型的无公害果蔬生产基地通过邀请中间商或目标市场消费者到生产基地、加工厂地参观，从而提高其产品的声誉和知名度，以此达到宣传产品、推广企业产品的目的。

(2)营业推广的特点。

①刺激购买见效快。由于营业推广是通过特殊活动提供给顾客一个特殊的购买机会，使购买者感觉到这是购买产品的绝好时机，此时顾客的购买决策最为果断，因此促销见效快。

②营业推广的应用范围有一定局限性。营业推广只适用于一定时期、一定产品，因而推广的形式要慎重选择。不同的园艺产品要选用不同的营业推广方式。选择不当的方式不但起不到促销作用，还会给购买者造成误会，从而导致对本企业及企业产品的负面影响。

主要参考文献

郭世荣，王丽萍.2013.设施蔬菜生产技术[M].北京：化学工业出版社.

宋建华，王昌友，唐才禄.2015.设施蔬菜规模生产与经营[M].北京：中国农业出版社.

中央农业广播电视学校.2015.设施蔬菜生产经营[M].北京：中国农业出版社.